海洋生态文明视域下的海洋综合管理研究

主编　高艳　李彬

中国海洋大学出版社

·青岛·

图书在版编目(CIP)数据

海洋生态文明视域下的海洋综合管理研究 / 高艳，李彬主编．—青岛：中国海洋大学出版社，2016.4

ISBN 978-7-5670-1127-4

Ⅰ．①海… Ⅱ．①高… ②李… Ⅲ．①海洋资源—综合管理—研究 Ⅳ．①P74

中国版本图书馆 CIP 数据核字(2016)第 074742 号

出版发行	中国海洋大学出版社		
社　　址	青岛市香港东路 23 号	邮政编码	266071
出 版 人	杨立敏		
网　　址	http://www.ouc-press.com		
电子信箱	appletjp@163.com		
订购电话	0532-82032573（传真）		
责任编辑	滕俊平	电　　话	0532-85902342
装帧设计	汇英文化传媒		
印　　制	日照报业印刷有限公司		
版　　次	2016 年 5 月第 1 版		
印　　次	2016 年 5 月第 1 次印刷		
成品尺寸	170 mm × 230 mm		
印　　张	12.625		
字　　数	100 千		
定　　价	32.00 元		

Preface 前言

中共十八大报告提出了经济建设、政治建设、文化建设、社会建设、生态文明建设“五位一体”总布局。这标志着中国的发展道路步入一个全面推进、全面协调并且更加具备中国特色的新阶段。中共十八届三中全会进一步提出要建立一套系统完整的生态文明制度体系，并在2015年4月正式发布了《中共中央、国务院关于加快推进生态文明建设的意见》，建设生态文明已成为我国今后一段时期国家社会经济发展战略的重要核心内容。

海洋是全球最大的自然生态系统，海洋生态文明是生态文明的重要组成部分，在生态文明建设中具有十分重要的地位。建设海洋强国已成为我国国家战略的重要内容之一。改革开放以来，东部沿海地区已成为我国经济社会发展的龙头，同时我国海洋经济的发展水平也不断提高，已成为我国国民经济的重要支柱。但随着对海洋开发力度的不断加大，海洋生态环境也面临着越来越大的压力，海洋资源约束趋紧、海洋环境污染严重、海洋生态系统退化的现象十分严峻，而海洋经济发展中不协调、不可持续的问题也日益突出。海洋强国战略要求必须科学合理地开发利用海洋，实现海洋经济的可持续发展。在这样的形势下，以实现人类、社会、海洋和谐发展为核心的海洋生态文明建设成为当前社会发展进步的重要内容,而为满足海洋生态文明建设的需要,传统的海洋管理也必须向以海洋生态文明为核心的海洋综合管理转变。在这一转变过程中,首先要在全社会确立以海洋生态文明为核心的海洋综合管理理念,在海洋开发利用活动中形成以海洋生态文明为核心的普遍共识,即建立起以海洋生态系统为基础的海洋综合管理,在海洋的开发利用保护中要以维持海洋生态系统的健康平衡为核心,以解决好开发中的环境与资源问题为前提,协调好开发与保护之间的关系,实现海洋经济和沿海地区的可持续发展。

本书主要对基于海洋生态系统的海洋综合管理的内涵、原则、特点、国内外实施情况及我国实施中存在的问题进行研究,分析了基于海洋生态系统的海洋综合管理实施所面临的主要困境;通过博弈分析,重点从海洋生态文明建设的角度出发,提出了我国海洋综合管理的发展方向和策略措施。

本书是教育部人文社会科学重点研究基地重大项目“国内外海洋管理体制与发展趋势比较研究”(10JJdzonghe013)和中国海洋发展研究会2015年重大项目“我国海洋生态文明建设理论及实践研究”的课题研究成果。在书稿写作过程中得到了中国海洋大学李凤岐教授、胡增祥教授的多次指导,在此表示衷心感谢。

由于笔者水平有限,书中难免存在一些疏漏与不妥之处,敬请批评指正。

高艳

2015年12月

Contents 目录

1

基于生态文明建设的海洋综合管理相关理论分析

1.1 生态文明建设的内涵

1.1.1 文明的概念

文明是人类文化发展的成果,是人类改造世界的物质和精神成果的总和,是人类社会进步的象征。唐代孔颖达在注疏《尚书》中认为:“经天纬地曰文,照临四方曰明。”“经天纬地”意为改造自然,属物质文明;“照临四方”意为驱走愚昧,属精神文明。《周易》里说:“见龙在田,天下文明。”

人类文明目前主要经历了三个阶段。首先是原始文明阶段,主要在石器时代,约经历了上百万年。其次是农业文明阶段,生产方式以农耕牧渔为主,约经历了一万年。最后是工业文明阶段,目前已经历了约三百年。文明的主体是人,体现为改造自然和反省自身,在不同的空间分布上,也呈现出多元性的特点。

1.1.2 生态文明的概念

生态文明是指人类遵循人、自然、社会和谐发展这一客观规律而取得的物质与精神成果的总和，是指人与自然、人与人、人与社会和谐共生、良性循环、全面发展、持续繁荣为基本宗旨的文化伦理形态。生态文明的实现将使人类社会形态发生根本转变。生态文明包括：生态意识文明、生态制度文明、生态行为文明。①

人类的生存与发展依赖于自然，同时人类文明的进步也影响着自然的结构、功能与演化。在人类发展史上，人与自然的关系经历着由和谐到失衡再到和谐的螺旋式上升过程。当进入工业文明时期，社会生产力有了巨大的飞跃，人类利用自然的能力飞速提高。这时，人类对自然的态度也发生了根本改变，"征服"和"人是自然的主宰"的思想占据了统治地位。在这种思想支配下，对自然的征服和统治变成了对自然的掠夺和破坏，对自然资源无节制地大规模消耗带来污染物的大量排放，最终造成自然资源迅速枯竭和生态环境日趋恶化，能源危机、环境污染、水资源短缺、气候变暖、荒漠化、动植物物种大量灭绝等灾难性恶果，直接威胁到人类的生存与发展，人与自然的和谐也面临着有史以来最严峻的挑战。从 20 世纪 60 年代开始，人类对自身与自然关系的反思迅速升温。1972 年，联合国发表《人类环境宣言》；20 世纪 90 年代以后，《里约环境与发展宣言》《二十一世纪议程》《关于森林问题的原则声明》《联合国气候变化框架公约》和《生物多样性公约》等一系列有关环境问题的国际公约和国际文件相继问世，标志着实现人与自然和谐发展成为全球共识。②

2012 年 11 月，中共十八大报告提出了经济建设、政治建设、文化建设、社会建设、生态文明建设"五位一体"总布局。这标志着从

① 李禄俊．十六大以来生态文明建设理论的探索与创新［J］．生态经济学术版，2011（1）：410-412.

② 周生贤．生态文明是人类文明形态的重大进步［J］．中国城市经济，2008，7（5）：10-12.

改革开放初期单一追求生产力的发展到现在包括了经济、政治、文化、社会、生态文明建设在内的更为全面的发展，中国的发展进程步入一个全面推进、全面协调并且更加具备中国特色的新阶段。中共十八大报告在论述大力推进生态文明建设时明确提出要优化国土空间开发格局、全面促进资源节约、加大自然生态系统和环境保护力度以及要加大生态文明制度建设，这表明我们党和国家对于建设生态文明有了更为具体的要求。而中共十八届三中全会又进一步提出要实行最严格的源头保护制度、损害赔偿制度、责任追究制度，完善环境治理和生态修复制度，建立一套系统完整的生态文明制度体系，并在2015年4月正式发布了《中共中央、国务院关于加快推进生态文明建设的意见》，从而完成了对我国生态文明建设的全面具体战略部署。建设生态文明已成为我国今后一段时期国家社会经济发展战略的重要核心内容。

1.1.3 生态文明建设的地位

随着对生态文明建设重视程度的不断提升，我国已经先后出台了一系列重大决策部署，对推动生态文明建设取得了重大进展和积极成效。中共十七届四中全会把生态文明建设提升到与经济建设、政治建设、文化建设、社会建设并列的战略高度，而十八大则进一步将生态文明明确为我国国家战略的核心内容，因此开展生态文明建设是中国特色社会主义事业的重要内容，关系人民福祉，关乎民族未来，事关“两个一百年”奋斗目标和中华民族伟大复兴中国梦的实现。

1）生态文明建设与经济建设

鉴于工业4.0理念的提出和世界经济发展的总体趋势，加快推进生态文明建设是我国应对国际经济竞争、加快转变经济发展方式、提高发展质量和效益的内在要求。

随着科学技术的不断进步和人类对于生态系统认识的不断深入，保护生态环境和发展经济已经是相互统一协调的共同体了。从本质上，经济建设与生态保护的根本目的都是为了促进经济社会更好地发展，给人类自身提供良好的生存条件。

我国作为发展中国家，在相当长的一段时期都会面临着两个突出矛盾：一是经济规模不断扩张与自然资源总量有限且自然资源利用及配置效率相对低下的矛盾；二是经济快速增长与生态环境容量有限以及环境容量利用效率相对低下的矛盾。应对与解决这两对矛盾的关键就在于不断强化经济建设中的生态文明理念，促进生态文明建设与经济建设的有机结合。

2）生态文明建设与政治建设

推动生态文明的建设必须依靠良好的政治建设。从本质上来说，目前人类所经历的地球生态环境的恶化都源于在一定社会制度下人类的各种社会活动，生态环境的现状就是不同制度框架下特定物质生产和人口生产在自然环境中的反映。因此，政治建设直接影响到生态文明建设的水平。政治建设的实质是处理当前社会运行中人与人之间的关系，而生态文明建设则必须要处理好当代人之间、当前与今后时代的人类以及人类与自然之间的错综复杂的关系。因此，政治建设又被生态文明建设所包容。

生态文明建设直接受到政治建设的影响，因此政治建设的滞后也必然会对生态文明建设的推进带来制约，这主要表现为：一是传统政绩考核对生态文明建设的制约，即片面强调经济建设在政绩考核中的重要性而扭曲了生态文明建设在社会发展中的重要地位；二是公众在生态文明建设中的主体缺位，生态环境的受损，使得公众无法享受到足够良好的作为生存权之一的环境权，同时传统政治建设往往对社会公众作为主体参与生态文明建设缺乏有效保障与支持。因此生态文明观念引领下的政治建设，必须要满足以下几个方面的要求：一是以政府为主体的干预机制、以企业为主体的市场机制和以公众为主体的社会机制的相互制衡；二是要构建以强制性机制、权衡利弊的选择性机制和道德教化的引导性机制的相互协同。

3）生态文明建设与文化建设

首先，生态文明建设是文化建设的重要组成部分。文化建设是以人类为中心，探索人与人之间、人与自然之间等方面的存在关系，因而必然要涉及人与自然的和谐共处。其次，文化建设也是生态文明建设的重要组成部分。生态文明的建设过程中离不开对于自然生态文化的宣传与普及，这也就为各类相关的文化建设提供了广阔的舞台。因此生态文明建设与文化建设之间彼此包含又相互依靠，是我中有你、你中有我的关系，生态文明建设的推进有利于高水平文化建设的全面开展，而倡导生态和谐的文化建设也是推进生态文明建设的重要手段。

在当前的文化建设中，推动生态文明建设的一个重要环节就是生态文化观念的树立。因此，文化建设的一个重要任务就是通过精神文明领域的工作在全社会树立与科学发展观、和谐社会观相吻合的生态文化观念，使包括绿色生产观、绿色消费观、绿色技术观、绿色营销观等在内的生态文化成为社会生活的普遍观念与思想指导。这就需要不断强化社会公众的生态危机意识，充分认识破坏生态环境的恶果；要树立尊重自然、敬畏自然以及追求人类与自然和谐相处的生态道德；要建立起以生态资源可持续利用为指导，以优化生态环境资源配置为目标的经济发展方式；要转变消费行为模式，崇尚科学合理的消费方式。

4）生态文明建设与社会建设

生态文明建设与社会建设是相互支撑的关系。建设生态文明是坚持以人为本、促进社会和谐的必然选择，也是我国全面建成小康社会、实现中华民族伟大复兴中国梦的必经之路。

社会建设的核心问题是保障民生。生态环境质量是保障生命质量和生活质量的最基本的民生。生态文明建设水平高，作为基本民生需求的环境权益就维护得好，社会发展就更为健康；社会发展不断完善，社会管理水平不断提高，必然使得公众参与包括生态建设与环境保护事务在内的社会管理的程度高，社会对于生态系统的管理利用水平得到显著提升，从而使得生态文明建设的水平不断增强。①

1.1.4 政府在生态文明建设中的地位与角色

随着全球经济的发展，人类社会对能源的消耗、对生态的破坏达到了前所未有的程度，人们也越来越关注生态的保护和建设。1972年联合国环境会议通过了《人类环境宣言》，1992年联合国环境与发展大会通过了《地球宪章》和《21世纪议程》。全球范围内对发展中的生态文明建设的认识达成了共识，可持续发展、建设节约型和环境友好型社会已成为全人类共同的美好愿景。②对于我国来说，30多年经济的高速增长付出了昂贵的生态、资源、能源和环境代价。近年来，全社会对于社会发展规律的认识进一步深化，建设生态文明已成为国家的基本战略任务。而建设生态文明不是传统意义上的对已有的环境污染与生态破坏进行控制与修复，而是打

① 左守秋，赵敬菲．生态文明建设基础地位与“红线”功能［J］．人民论坛，2015(4)：32-34.

② 钱易，唐孝炎．环境保护与可持续发展［M］．北京：高等教育出版社，2000：4.

破现有工业文明阶段存在的各种非可持续、非和谐的弊端，探索资源节约型、环境友好型发展道路的过程，涵盖了社会发展的各个领域和不同层面。[①] 在这一背景下，作为社会管理的重要主体，政府必须在生态文明建设中发挥核心主导作用，其职能和责任也需要根据生态文明建设的开展重新定位，生态职能和生态责任应成为政府职能和责任体系的重要组成部分。

1.1.4.1 政府在生态文明建设中的定位

角色定位是政府管理制度安排、机制确定和行为方式选择的依据与原则。随着社会管理理念的不断进步，社会民众普遍认为政府应从传统的管理角色向服务角色转变，即建立服务型社会，同时这也是社会发展的必然要求。服务型政府以“社会本位”为基本理念，把为社会、为公众服务作为政府存在、运行和发展的基本宗旨，从而实现社会最大公共利益的最终目标。与之相对应，在生态文明的建设过程中，社会在生态领域最大的公共利益就是保护生态环境、实现可持续发展、公正分配生态利益，因此对于服务型政府来说，其角色的定位就应以实现上述目标为基本依据。

1）生态文明建设的责任人

生态文明建设已经成为现代社会发展的普遍共识，而生态文明的建设也涉及社会生活的方方面面。资源、环境属于全社会的共有财产，政府作为人类文明发展至今力量最强的政治组织系统，代表和实现着社会乃至整个生态系统的公共利益，更具有一般社会组织所没有的权威性和强制力，只有而且唯有政府成为生态的“道德代理人”，代表整体生态系统管理社会中与自然环境相关的各种行为，

① 周生贤．积极建设生态文明 [N]．人民日报，2007-12-24.

才能避免环境主体缺失的尴尬和无奈。① 因此，人类要进入生态文明社会，政府就必须要承担起相应的生态责任。政府作为生态文明建设的第一责任人，需要承担社会发展中有关生态领域的公共政策制定、执法监督、管理治理等职责，以及作为社会生态保护的示范者和引导者，对其他社会主体生态责任的承担进行监管、组织和引导。

政府对于生态文明的建设和发展至关重要，必须在生态文明建设中有效担负起主导和推动生态文明建设和发展的责任。具体来说，政府作为生态文明建设的责任人的责任主要体现在：制定整个社会生态保护战略规划、开展生态修复、维护生态平衡、治理生态破坏行为、规范生态文明建设中整个社会生产、生活方式、引导社会公众的生态意识等。

2）可持续发展的主导者

生态文明的提出，是人们对可持续发展问题认识深化的必然结果。人类通过遵守可持续性、共同性和公平性等原则，实现人类社会经济与生态系统的协调发展。所以，在生态文明视野下，保护生态环境与推动社会经济发展是相互协调统一的，而实现二者的有机结合关键就在于选择合适的发展道路。人与自然都是生态系统中不可或缺的重要组成部分，人与自然是相互依存、共同促进的关系。人类的发展应该是人与社会、人与环境、当代人与后代人的协调发展。人类的发展不仅要讲究代内公平，而且要讲究代际之间的公平，不能以当代人的利益为中心，甚至为了当代人的利益而不惜牺牲后代人的利益。因此，推进生态文明建设就必须依靠可持续发展的方式。

可持续发展方式实现的关键在于转变传统的资源利用率低、环

---

① 蒋俊明．生态文明建设视域下的政府管理模式优化［J］．江苏大学学报，2012，12(2)：13-17.

境代价大的粗放式经济发展模式。在具体的实践过程中，生产经营的私人性和生态环境、资源的公共性，使得生态环境的“公地悲剧”很容易发生，企业从逐利目的出发很难实现生产方式的主动转变，同时，我国作为发展中国家，经济发展方式层次较低，转变经济发展方式的成本和代价较大。这些都只能依靠政府发挥基础性作用，才能推动社会经济发展方式由传统向可持续发展转变，通过政府主导，实现企业盈利和生态保护在生态市场条件下的一致，最终实现可持续发展方式的实现。

政府在可持续发展方式实现中的主导地位主要体现在：通过借助于公共权力和政府的组织资源，推动生态技术的发展，引导产业结构的调整、新兴产业的兴起和落后产能的淘汰，实现企业生产的社会成本和环境成本的内部化和最小化，形成生态转型的外在压力和内在动力。

3）生态正义的主持者

生态正义是在生态文明下强调生态利益要求的合理、生态分配的正义、生态享用的正当、生态权利和义务的对等、生态利用和保护的平衡、生态风险承担的公平等。①

目前在我国，对于生态系统的开发利用存在着较为突出的不平等，大量传统企业、落后企业环境成本的外部性，环境污染的地区转移等现象仍然较为突出。而在一个国家当中，只有政府这个公共权力组织才具有企业、社会组织和公民不具备的能力和条件，能够对破坏生态、浪费资源、过度消耗能源和转移污染等行为实施制裁，并依据法律追究相关组织和个人的责任。政府所独有的职责和职能决定了只有政府才能在社会发展中根据公正与平等的基本原则，从

① 蒋俊明．生态文明建设视域下的政府管理模式优化［J］．江苏大学学报，2012，12（2）：13-17.

社会的整体利益出发，实现社会的生态资源合理分配、不同主体和区域间生态利益的有效协调，实现对社会生态正义的主持。

1.1.4.2 政府在生态文明建设中的职责

政府在生态文明建设中的职责是指政府在应对和解决社会发展中的生态问题时，所承担的向社会提供生态产品和生态服务的责任，也是政府在促进人与自然和谐和可持续发展的过程中所应发挥的作用。

1）调整理念意识

生态文明的核心理念是“人与自然和谐共生”，即人类生存于自然生态系统之内，人类社会经济系统是自然生态的子系统。生态系统的破坏将会导致人类的毁灭。生态文明强调人与自然协调发展，强调人类发展要服从生态规律，最终实现人与自然的和谐共生。因此，对于观念认识的调整是推进生态文明建设一切工作的基础，只有保证意识理念的正确，才能确保生态文明建设各项措施的有效实施。

这主要包括：转变全社会关于经济发展与生态环境保护之间关系的认识，将生态环境保护置于与经济建设同等重要的地位，实现经济发展与环境保护的协调一致，推动全社会树立起牢固的环境保护意识，转变传统的生产生活方式，将实现资源环境的可持续发展作为新阶段社会经济建设发展的主要任务。同时将运用法律、经济、技术、行政等综合手段作为政府推动生态文明建设的主要方法。

2）制定系统的战略规划

政府拥有其他社会主体所不具有的公共权力，掌握着一个国家的公共财政，可以在最大范围内调动社会的各种资源和力量。因此，政府应借助于法律、行政和经济等手段的综合利用，通过制定生态文明建设的长远战略规划，保证生态文明建设的全局性、战略性和长期稳定性，并借助各种制度和政策工具，弥补单纯依靠市场和个体主观可能存在的缺陷和不足，从而总体把握并推动生态文明建设战略的实施。

通过从国家发展战略层面推动生态文明建设，将生态文明建设上升到国家意志的战略高度，融入经济社会发展全局，从而可以从源头上解决各类生态问题。在政策层面，主要可以通过财政、金融、税收、价格、土地等方面政策体系的建立，推动生态环境保护工作的开展，采取总体制度通盘性设计、分步实施到位的办法，使推进生态文明建设与推动经济发展建设的政策有机融合；在布局层面，应以科学研究为基础，推进全国生态功能区划工作的全面开展，明确各个地区的环境功能与资源环境承载能力，按照优化开发、重点开发、限制开发和禁止开发的要求因地制宜地开展经济建设与开发，实现各地区科学合理的发展方式与发展方向，形成以生态环境为基础的发展格局；在规划层面，则应以实现经济建设的环境与资源可持续发展为总体目标，针对现有生产方式、经济结构，进一步优化调整，积极实现传统发展方式向生态和谐发展方式的转变。

3）提供制度保障

政府要实现生态职能、承担生态责任，就必须根据生态文明建设的需要，通过立法等手段为生态文明的建设和发展提供制度供给。主要包括建设完善的法律制度，制定严格的环境标准，培养专业的执法队伍，采取行之有效的执法手段等。建立健全与现阶段经济社会发展特点和环境保护管理决策相一致的环境法规、政策、标准和技术体系，凡是污染严重的落后工艺、技术、装备、生产能力和产品一律淘汰，凡是不符合环保要求的建设项目一律不允许新建，凡是超标或超总量控制指标排污的工业企业一律停产治理，凡是未完成主要污染物排放总量控制任务的地区一律实行"区域限批",凡是破坏环境的违法犯罪行为一律严惩。核心要求是杜绝一切环境违法行为,任何对环境造成危害的个人和单位都要补偿环境损失。[①] 中共十八届三中全会提出,建设生态文明,必须建立系统完整的生态文明制度体系,实行最严格的源头保护制度、损害赔偿制度、责任追究制度,完善环境治理和生态修复制度,用制度保护生态环境。习近平主席指出,建设美丽中国,要加强生态环境保护,推进制度创新,努力从根本上扭转环境质量恶化趋势。因此,在我国不断推进生态文明制度化建设,已经成为政府全面深化改革的有机组成部分,是推进政府的国家治理体系和治理能力现代化的重要内容。

4)主导行动实施

政府具有强大的社会公众动员能力,通过引导宣传教育等,可以有效动员全社会力量共同参与到生态文明建设中,因此,政府应恪守主导相关行动实施的基本职责。一是广泛开展生态文明宣传教育。多形式、多方位、多层面宣传生态文明知识、政策和法律法规,弘扬生态文化,倡导生态文明,营造全社会关心、支持、参与生态文明建设的文化氛围。加强对领导干部、重点企业负责人的环保培训,提高其依法行政和守法经营意识。将生态文明建设列入素质教育的重要内容,强化青少年生态文明基础教育,开展全民生态文明科普宣传,提高全民保护生态环境的自觉性。二是加强部门协作。环境保护部门是推动生态文明建设事业发展的"总体设计部",其他有关部门是生态文明建设事业的共同建设者。要加强环境保护部门的机构、队伍和能力建设,进一步完善环境保护统一监督管理体制。三是强化社会监督。公开环境质量、环境管理、企业环境行为等信

① 周生贤.积极建设生态文明[N].人民日报,2007-12-24.

息，维护公众的环境知情权、参与权和监督权。对涉及公众环境权益的发展规划和建设项目，要通过听证会、论证会或社会公示等形式，听取公众意见，接受舆论监督。四是形成科技创新与科学决策机制。针对现阶段的生态文明建设形势和广大人民群众生态文明建设的迫切愿望，不断加大对具有全球性、区域性、流域性以及前瞻性的重大生态环境问题的成因与演化趋势的研究，组织开展科技攻关，形成国家、地方政府对水环境、大气环境等的监控、预警技术体系，带动环境保护体制机制创新。进一步加强国际合作与交流，理性借鉴国际生态文明建设的成功经验，积极参与全球性、区域性生态环境保护活动。五是健全公众参与机制。发挥社会团体的作用，为各种社会力量参与生态文明建设搭建平台，鼓励公众检举揭发各种生态环境违法行为，推动生态环境公益诉讼。六是加强基层社会单元的生态文明建设工作。把生态文明建设作为社区、村镇建设的一项重要内容，引导和动员广大群众参与生态文明建设工作，使每个公民在享受生态环境权益的同时，自觉履行保护生态环境的法定义务。①

1.1.5 加强海洋生态文明建设的现实意义

1）海洋生态文明是生态文明建设的重要内容

海洋是全球最大的自然生态系统，海洋生态文明是生态文明的一个重要组成部分，在生态文明建设中具有十分重要的地位。通过海洋生态文明的建设，从而实现以遵循海洋生态系统运行的基本规律为准则，以海洋资源环境承载力为基础，以实现海洋资源环境可持续发展为目标的海洋开发利用活动，进而实现人与海洋的和谐相处与协调发展。自然生态系统作为一个有机的整体，各组成部分紧

① 周生贤．生态文明是人类文明形态的重大进步［J］．中国城市经济，2008，7（5）：10-12.

密联系，彼此影响。海洋是自然生态系统中的重要组成部分，海洋生态系统的健康水平则与整个自然系统的健康水平息息相关，对于海洋生态系统的修复与改善也必将对整个自然生态系统健康水平的提升发挥重要的推动作用。因此，推进生态文明建设离不开对海洋生态文明的建设，海洋生态文明的建设对于推进生态文明建设具有重要的现实意义。

2）加强海洋生态文明建设是建设海洋强国的必经之路

建设海洋强国已成为我国国家战略的重要内容之一。改革开放以来，东部沿海地区已成为我国经济社会发展的龙头；同时我国海洋经济的发展水平也不断提高，已成为我国国民经济中的重要支柱。但随着对海洋开发力度的不断加大，海洋生态环境也面临着越来越大的压力，海洋资源约束趋紧、海洋环境污染严重、海洋生态系统退化的现象十分严峻，而海洋经济发展中不协调、不可持续的问题也日益突出。海洋强国战略要求必须科学合理地开发利用海洋，实现海洋经济的可持续发展。在这样的形势下，海洋生态文明建设就成为我国经济社会发展到一定阶段的必然结果，通过树立尊重海洋、了解海洋、保护海洋的海洋生态文明理念，把海洋生态文明建设融合贯穿到经济、政治、文化、社会建设的各方面和全过程，从而促进海洋经济发展方式的转变，提高海洋资源开发、环境保护、综合管理的管控能力，推动我国海洋强国战略的顺利实施。

3）海洋生态文明建设是“21世纪海上丝绸之路”战略实施的根本保障

“一带一路”战略是我国面对全球化发展的新形势，根据自身的产能优势、技术与资金优势、经验与模式优势等，实行全方位开放打造新型地区合作的重要创新举措，其中“21世纪海上丝绸之路”战略则是以海洋为纽带，实现与各沿岸国家的合作共赢。在这一战略中，海洋是最根本的载体。历史的教训告诉我们，经济的发展、地区的崛起都必须有良好的自然生态做保障，全球海洋生态系统作为一个统一的整体，随着全球海洋生态问题的日趋严峻，“21世纪海上丝绸之路”战略的实施必须面对并解决好这一问题，战略的实施不能以破坏各地区海洋生态系统的健康为代价。这就需要大力推进海洋生态文明建设，探索实现人与海洋和谐发展的经济发展方式，从而为“21世纪海上丝绸之路”战略的实施提供基本支撑和根本保障。

1.1.6 推进海洋生态文明建设对海洋管理的要求

随着建设生态文明战略的实施，生态文明的相关理念也应该融入社会管理的各个领域。海洋生态系统作为地球生态系统的重要组成部分，建设海洋生态文明也是推进生态文明建设的核心内容之一。在《中共中央、国务院关于加快推进生态文明建设的意见》中，提出了“加强海洋资源科学开发和生态环境保护”的总体目标，并明确了“近岸海域水环境质量得到改善，自然岸线保有率不低于35%”的具体目标。在推进海洋生态文明建设这一背景下，传统的海洋管理已经无法适应新形势的要求，这就需要提出新的海洋管理理念以及与之相配套的海洋管理体制机制，从而满足推进生态文明建设对海洋管理的要求。

《中共中央、国务院关于加快推进生态文明建设的意见》对于海洋管理也提出了具体要求：“根据海洋资源环境承载力，科学编制海洋功能区划，确定不同海域主体功能。坚持‘点上开发、面上保护’，控制海洋开发强度，在适宜开发的海洋区域，加快调整经济结构和产业布局，积极发展海洋战略性新兴产业，严格生态环境评价，提高资源集约节约利用和综合开发水平，最大程度减少对海域生态环境的影响。严格控制陆源污染物排海总量，建立并实施重点海域排污总量控制制度，加强海洋环境治理、海域海岛综合整治、生态保护修复，有效保护重要、敏感和脆弱的海洋生态系统。加强船舶港口污染控制，积极治理船舶污染，增强港口码头污染防治能力。控制发展海水养殖，科学养护海洋渔业资源。开展海洋资源和生态环境综合评估。实施严格的围填海总量控制制度、自然岸线控制制度，建立陆海统筹、区域联动的海洋生态环境保护修复机制。”

通过对上述具体要求的总结，我们认为实施生态文明建设下的海洋管理要突出以下几个特点。

1）战略性和全局性

建设生态文明背景下的海洋管理应着眼于整个海洋生态环境的改善、修复和可持续开发利用，最终目标的实现必然是一个长期的过程，也会涉及社会生活的各个领域。因此，建设生态文明背景下的海洋管理必须是战略管理，从全社会的海洋公共利益整体出发，制定长远性的战略目标，避免短期利益对海洋管理的影响，以战略高度从多个维度制定相互配合的管理制度。从战略管理角度开展生态文明视域下的海洋管理，也必然要求海洋管理具有全局性，即海洋管理在着眼于整个海洋生态系统的基础上，应考虑所有利益相关者的利益需求，从海洋生态、资源、经济等各个方面，全面考虑对整个海洋生态系统进行管理过程中的所有问题，以实现海洋管理的战略目标。

2）科学性和可持续性

建设生态文明背景下的海洋管理应认识到海洋生态系统是一个结构、功能和运行机制客观存在的完整生态系统。系统内各个组成部分的相互作用和功能是符合一定的科学规律的，而不以任何人的意志为转移，这就需要在海洋管理的过程中，各项制度的制定和措施的实施必须符合海洋生态系统相应的科学规律。而在尊重海洋生态系统科学性的基础上，海洋管理实施的核心目标是实现海洋的可持续发展，因此可持续性是生态文明建设背景下海洋管理的基本前提，也是贯穿始终的目标。在建设生态文明的过程中，实施海洋管理，既要通过开发利用海洋满足人类生存和发展的物质需求，也要使社会、资源和环境和谐发展，在实现当前经济发展目标的同时，也要保证人类赖以生存的海洋生态环境可持续利用，实现海洋的可持续发展。

3）系统性和协调性

生态文明建设背景下的海洋管理还应具有系统性，应将海洋生态系统作为一个完整的系统进行统一管理，认识到海洋生态系统的不同区域、不同组元是相互联系、相互作用的，也是相互依赖和相互制约的。所以，海洋管理必须摆脱传统海洋管理中人为的行政区划制约，从整个海洋生态系统入手，同时也应根据海洋生态系统构成的复杂性，综合利用多个专业领域的知识和研究方法，运用各种手段和措施来实施管理。而从系统性入手进行海洋管理，就必须针对管理过程中所涉及的多种要素进行合理的协调，解决好各要素之间的冲突和矛盾，系统地搜集、整理、分析海洋管理中的各类信息，采取法律、经济、行政等多种手段，同时也需要各利益相关主体进行合作，使海洋管理中的各类问题得到最为合理的解决。

4）开放性和发展性

生态文明建设背景下的海洋管理的基础是海洋生态系统内部相对封闭的组织和运行变化，海洋生态系统的形成与运作是具有自身独有的客观规律的，因此，对于海洋的管理应根据海洋生态系统自身的客观规律来实施。但海洋生态系统又是一个与人类社会和其他生态系统紧密联系、开放的系统，生态文明建设背景下的海洋管理，要形成完整有效的机制，就必须充分考虑海洋生态系统之外的各类行为、因素或环境的影响；同时也要随着人类社会对于海洋生态系统的认识、对海洋开发利用水平的提升、管理手段的丰富而不断调整变化，并不断应对由于系统内某些因素发生变化而引起的系统的变化，这就要求海洋管理不能是一成不变的，而是具有一定的开放性和发展性。

综上所述，在推进生态文明建设战略实施的过程中，海洋生态系统既是区域生态系统的重要组成部分，海洋生态文明建设也是生态文明建设的重要内容，而随着建设生态文明理念的提出，也对海洋管理提出了更高的要求，这些要求主要体现在生态文明建设背景下的海洋管理应具有战略性和全局性、科学性和可持续性、系统性和协调性、开放性和发展性。这些要求也决定了传统的海洋管理是无法适应生态文明建设需要的，而必须从海洋生态文明建设的核心内容——海洋生态系统本身入手，引入海洋生态系统的相关理念创新海洋管理的思路、方式和手段等，这也成为各国在生态文明建设中进行海洋管理的发展趋势之一。

1.2 生态系统管理的概念

1.2.1 生态系统的概念①

生态系统（Ecosystem）是指由生物群落与无机环境构成的统一整体。生态系统的范围可大可小，相互交错，地球上最大的生态系统是生物圈，最为复杂的生态系统是热带雨林生态系统，人类主要生活在以城市和农田为主的人工生态系统中。生态系统是开放系

① 生态系统［EB/OL］. http://baike. baidu. com/view/24042. html，2015-05-21.

统，为了维系自身的稳定，生态系统需要不断输入能量，否则就有崩溃的危险；许多基础物质在生态系统中不断循环，其中碳循环与全球温室效应密切相关，生态系统是生态学领域的一个主要结构和功能单位，属于生态学研究的最高层次。

生态系统的组成分为无机环境和生物群落两部分（非生物部分和生物部分）。其中，无机环境是一个生态系统的基础，其条件的好坏直接决定生态系统的复杂程度和其中生物群落的丰富度；生物群落反作用于无机环境，生物群落既在生态系统中适应环境，也在改变着周边环境的面貌，各种基础物质将生物群落与无机环境紧密联系在一起，而生物群落的初生演替甚至可以把一片荒凉的裸地变为水草丰美的绿洲。生态系统各个成分的紧密联系，使生态系统成为具有一定功能的有机整体。

无机环境是生态系统的非生物组成部分，包含光照以及其他所有构成生态系统的基础物质：水、无机盐、空气、有机质、岩石等。光照是绝大多数生态系统直接的能量来源，水、空气、无机盐与有机质都是生物不可或缺的物质基础。

生物群落包括生产者、分解者和消费者。

生产者（producer）在生物学分类上主要是各种绿色植物，也包括化能合成细菌与光合细菌，它们都是自养生物。植物与光合细菌利用太阳能进行光合作用合成有机物；化能合成细菌利用某些物质氧化还原反应释放的能量合成有机物，比如，硝化细菌通过将氨氧化为硝酸盐的方式利用化学能合成有机物。

生产者在生物群落中起基础性作用，它们将无机环境中的能量同化，同化量就是输入生态系统的总能量，维系着整个生态系统的稳定，其中，各种绿色植物还能为各种生物提供栖息、繁殖的场所。

分解者（decomposer）又称“还原者”，它们是一类异养生物，以各种细菌和真菌为主，也包含屎壳郎、蚯蚓等食腐动物。

分解者可以将生态系统中的各种无生命的复杂有机质（尸体、粪便等）分解成水、二氧化碳、铵盐等可以被生产者重新利用的物质，完成物质的循环，因此分解者、生产者与无机环境就可以构成一个简单的生态系统。

消费者（consumer）指依靠摄取其他生物为生的异养生物，消费者的范围非常广，包括了几乎所有动物和部分微生物（主要有真细菌）。它们通过捕食和寄生关系在生态系统中传递能量，其中，以生产者为食的消费者被称为初级消费者，以初级消费者为食的被称为次级消费者，其后还有三级消费者与四级消费者。同一种消费者在一个复杂的生态系统中可能充当多个级别，杂食性动物尤为如此，它们可能既吃植物（充当初级消费者）又吃各种食草动物（充当次级消费者），有的生物所充当的消费者级别还会随季节变化。

一个生态系统只需生产者和分解者就可以维持运作，数量众多的消费者在生态系统中起加快能量流动和物质循环的作用，可以看成一种催化剂。

生态系统分为自然生态系统和人工生态系统。自然生态系统包括陆地生态系统、水域生态系统。陆地生态系统包括热带雨林、热带草原、荒漠、冻原等。水域生态系统包括湿地、海洋。

生态系统的类型比较见表 1-1。

表 1-1　森林、草原、海洋和湿地自然生态系统比较

类型	森林生态系统	草原生态系统	海洋生态系统	湿地生态系统
分布特点	湿润或较湿润地区	干旱地区，降雨量很少	整个海洋	沼泽地、泥炭地、河流、湖泊、红树林、沿海滩涂及低潮时水深小于 6 m 的海水区
物种	繁多	较多	繁多	较多

续表

类型	森林生态系统	草原生态系统	海洋生态系统	湿地生态系统
主要动物	营树栖和攀缘生活，如犀鸟、树蛙、松鼠、貂等	有挖洞或快速奔跑特性，两栖类和水生动物少见	水生动物，从单细胞的原生动物到个体最大的鲸	水禽、鱼类，如丹顶鹤、天鹅及各种淡水鱼类
主要植物	高大乔木	草本植物	微小浮游植物	芦苇
群落结构	复杂	较复杂	复杂	较复杂
种群和群落动态	长期相对稳定	常剧烈变化	长期相对稳定	周期性变化
限制因素	一定的生存空间	水，其次为温度和光照	光照、温度、盐度、深度	温度
主要效益	人类资源库；改善生态环境；生物圈中能量流动和物质循环的主体	提供大量的肉、奶和毛皮；调节气候，防风固沙	维持生物圈中碳氧平衡和水循环；调节全球气候；提供各种丰富资源	生活和工农业用水的直接来源；多雨或河流多水时可蓄积，调节流量和控制洪水，干旱时可释放储存的水补充地表径流和地下水，缓解旱情；消除污染；提供丰富的生物资源
保护措施	退耕还林，合理采伐，防虫、防火	防止过度放牧，防虫、防鼠	防止过度捕捞及环境污染	加入湿地公约，建立重要湿地

人工生态系统有一些十分鲜明的特点：动植物种类稀少，人的作用十分明显，对自然生态系统存在依赖和干扰。人工生态系统也可以看成自然生态系统与人类社会的经济系统复合而成的复杂生态系统，如农垦地区、城市、乡村等。

1.2.2 生态系统管理的概念①

1864年，Mash在《人与自然》一书中提出，“英国合理利用森林资源，可使土壤侵蚀和水土流失减少”。这被认为是生态系统管

① 生态系统管理［EB/OL］. http://baike.baidu.com/view/754526.html，2015-5-12.

理的萌芽。1969年以后，生态学进入新的发展阶段，自然资源开始注重多用途和持续产量问题。1970年，Likens提出森林管理方法可能影响生态系统的功能。1972年，Abrahamsen提出人类活动导致生态系统的退化，开始注意到传统的资源管理方法并没有起到预期的效果。20世纪80年代后，关于生态系统和管理方面的论文大量出现，生态学开始注重长期定位、大尺度和网络研究，生态系统管理与保护生态学、生态系统健康、生态整体性与恢复生态学相互促进和发展。1988年，Agee和Johnson出版了生态系统管理的第一本专著，之后又有数本关于生态系统管理的专著问世（Slocomb，1993；Gordon，1994；Vogt，1997）。这些专著中都阐明了资源开发与环境保护的关系问题，以此来获得社会、经济、生态效益的统一。自此，生态系统管理的基本框架形成。①

生态系统管理是在对生态系统组成、结构和功能过程加以充分理解的基础上，制定适应性的管理（adaptive management）策略，以恢复或维持生态系统的整体性和可持续性。顾名思义，生态系统管理是属于学科交叉的研究领域。它包括生态系统和管理两个重要概念的集合。在决策方面，生态系统管理必须要有明确的目标，它是由决策者最后确定的，但同时又具有可适应性，即可以根据实际情况进行修改②；在管理实施方面，生态系统管理是通过制定政策、签订协议和开展具体的实践活动而实施的。

生态系统管理的基础是要求人类对于生态系统中各成分间的相互作用和各种生态过程有最好的理解。这就是说，只有充分地了解生态系统的结构和功能，包括种种生态过程，并根据这些规律性

① 生态系统管理的主要途径与技术［EB/OL］. http://wenku. baidu. com/view/e2514ed0195f312b3169a551. html，2015-05-12.

② 常剑波，陈小娟，乔晔．长江流域综合规划中的生态学原理及其体现［J］. 人民长江，2013，44（10）：15-17.

和社会情况来制定政策法规以及措施办法，才能把生态系统管理好。[①]

目前，不同机构与学者对生态系统管理的概念的表述有所不同。

例如，美国林业局认为，生态系统管理是一种基于生态系统知识的管理和评价方法，这种方法将生态系统结构、功能和过程，社会和经济目标的可持续性融合在一起（Unger，1994）。

美国内务部和土地管理局认为，生态系统管理要求考虑总体环境过程，利用生态学、社会学和管理学原理来管理生态系统的生产、恢复或维持生态系统整体性和长期性的功能效益和价值；它将人类、社会需求、经济需求整合到生态系统中（USDOIBLM，1993）。

美国环保局 1995 年定义，生态系统管理是指恢复和维持生态系统的健康、可持续性和生物多样性，同时支撑可持续的经济和社会（Lackey，1998）。[②]

美国森林学会（Society of American Foresters，SAF）认为，生态系统管理关注生态系统的状态，目的在于保持土地生产力、基因保护、生物多样性、景观格局和生态过程的组合（SAF Task Force，1992）。[③]

美国生态学会（Ecological Society of America，ESA）认为，生态系统管理有明确的管理目标，并执行一定的政策和规划，基于实践和研究并根据实际情况作调整，基于对生态系统作用和过程的最佳理解，管理过程必须维持生态系统组成、结构和功能的可持续性。[④]

---

① 刘红梅，陆健健，董双林，方建光．区域生态建设与经济发展的双赢理论及模式研究［J］．生态经济，2008（6）：62-65.

② 转引自李笑春，曹叶军，叶立国．生态系统管理研究综述［J］．内蒙古大学学报，2009，41（4）：87-93.

③ 转引自蔡守秋．论综合生态系统管理［J］．甘肃政法学院学报，2006，5（30）：19-26.

④ 任海，邬建国，彭少麟，赵利忠．生态系统管理的概念及其要素［J］．应用生态学报，2000，11（3）：455-458.

在研究人员中，Agee & Johnson（1988）认为，生态系统管理涉及调控生态系统内部结构和功能、输入和输出，并获得社会渴望的条件。Overbay（1992）认为，应利用生态学、经济学、社会学和管理学原理仔细地和专业地管理生态系统的生产、恢复，或长期维持生态系统的整体性和理想的条件、利用、产品、价值和服务。Goldstein（1992）认为，生态系统管理强调生态系统的自然流（如能流、物流等）、结构和循环，在这一过程中要摒弃传统的保护单一元素（如某一种群或某一类生态系统）的方法。Wood（1994）认为，应综合利用生态学、经济学和社会学原理管理生物学和物理学系统，以保证生态系统的可持续性、自然界多样性和景观的生产力。Grumbine（1994）认为，保护当地（顶极）生态系统长期的整体性，这种管理以顶极生态系统为主，要维持生态系统结构、功能的长期稳定性。Christensen（1996）认为，集中在根本功能复杂性和多重相互作用的管理，强调诸如集水区等大尺度的管理单位，熟悉生态系统过程动态的重要性或认识生态过程的尺度和土地管理价值取向间的不相称性。Boyce & Haney（1997）认为，应对生态系统合理经营管理以确保其持续性，生态持续性是指维持生态系统的长期发展趋势或过程，并避免损害或衰退。Dale 等（1999）认为，生态系统管理是考虑了组成生态系统的所有生物体及生态过程，并基于对生态系统的最佳理解的土地利用决策和土地管理实践过程，包括维持生态系统结构、功能的可持续性，认识生态系统的时空动态，生态系统功能依赖于生态系统的结构和多样性，土地利用决策必须考虑整个生态系统。[①] Maltby（1999）认为，生态系统管理是一种物理、化学和生物过程的控制，它们将生物体及其非生命环境和人类活动的调节连接

① 任海，邬建国，彭少麟，赵利忠．生态系统管理的概念及其要素［J］．应用生态学报，2000，11（3）：455-458.

在一起，以创造一个理想的生态系统状态。①

上述定义在许多方面有重复，大多数表述强调在生态系统与社会经济系统间的可持续性的平衡，部分定义强调生态系统的功能特征。这些定义就像6个盲人摸象得出的结论一样。我们认为所有这些定义并没有实质性的矛盾，生态系统管理要求我们越过生态系统中什么是有价值的和什么是没价值的问题，主要集中在自然系统与社会经济系统重叠区的问题。这些问题包括：生态系统管理要求融合生态学的知识和社会科学的技术，并把人类、社会价值整合进去。生态系统管理的对象包括自然和人类干扰的系统，生态系统服务功能可用生物多样性和生产力潜力来衡量；生态系统管理要求科学家与管理者定义生态系统退化的阈值；生态系统管理要求人类利用对生态系统的影响方面的系统的科学研究结果为指导；利用生态系统某一方面的功能会损害其他的功能，因而生态系统管理要求我们理解和接受生态系统功能的部分损失，并利用科学知识作出最小损害生态系统整体性的管理选择；生态系统管理的时空尺度应与管理目标相适应，生态系统管理要求发现生态系统退化的根源，在其退化前采取措施。①

生态系统管理（Ecosystem Management，EM）亦称基于生态系统的管理（Ecosystem-based Management，EBM）。联合国《生物多样性公约（CBD）》1995年首次提出把生态系统途径作为一个总体原则，2000年又将其提升到一个新高度——实现可持续发展的首要手段，定义为：对陆地、水域和生物资源进行综合管理，以公平的方式推动环境保护和资源可持续利用的一种战略。正式提出了生态系统途径的12条基本原则及相关的基本原理。2004年在CBD缔约国第

① 李笑春，曹叶军，叶立国．生态系统管理研究综述［J］．内蒙古大学学报，2009，41（4）：87-93.

7次大会上通过了《生态系统途径决定》。[①] 这些原则成为得到海洋界广泛关注和普遍认可的管理理念。前者着重于理念，后者已进展到实现途径的设计。国内学者多数已认同可以通称通用。

McLeod等人发表的有关呼吁各国政府实施基于生态系统的海洋管理的声明中，主要提出了9条原则，国内学者丘君、赵景柱（2008）将其总结为以下四个方面的核心问题[②]：第一，以生态系统特征定义的管理范围。基于生态系统的海洋管理的空间范围不是随意划定的，而必须遵循以下原则：打破传统的行政边界划定管理范围，保证每一个管理单元所包含的都是相对完整的生态系统；管理范围本身具有多层次、多尺度性。基于生态系统海洋管理的国家战略包含了国家、区域和地方等不同空间尺度上的策略。第二，基于生态系统的管理是目标驱动的管理，制定一个明确、合理的管理目标至关重要。管理目标必须具备长远性，符合可持续发展的原则；目标必须具备全面性，能考虑到所有相关方的利益所在，包括支撑经济发展、维持生态系统健康、满足社会需求等。第三，适应性管理。在海洋管理中必须通过经常性的监测评价检验管理措施的有效性，及时发现并纠正偏离目标的情况；在管理实施过程中为可能产生的不确定性做好充分预案。第四，鼓励广泛的合作和参与。海洋管理涉及渔业、矿产、交通运输、环境保护、旅游等行业和部门，要求涉海部门通力合作；需要运用最可靠的科学知识（社会、经济和生态）作为决策基础，要求跨学科、跨部门的科学家积极参与、集思广益；海洋管理涉及不同团体的利益，如政府、渔民、旅游者、商人等，鼓励所有相关利益者共同参与，以保证管理结果能最大限度地符合相关者的利益。

---

① 李凤岐．海洋与环境概论［M］．北京：海洋出版社，2013：370.

② 丘君，赵景柱，邓红兵，李明杰．基于生态系统的海洋管理：原则、实践和建议［J］．海洋环境科学，2008，27（1）：74-78.

从20世纪90年代末开始，基于生态系统的管理理念迅速地被世界各海洋大国应用于海洋管理领域。相关国际组织、各海洋大国和海洋学术界都一致认为，协调海洋资源开发与保护、解决海洋生态危机必须改进现有海洋管理模式，应用基于生态系统的方法管理海洋。2002年，美国海洋政策委员会和民间独立的Pew海洋委员会在审查各种国家海洋管理政策方案的基础上，提出了以生态系统为基础，改善区域海洋管理的政策理念，这标志着海岸带综合管理进入了区域海洋管理阶段，其主要特点是以生态系统为基础的、综合的区划管理。① 2002年，世界高峰会议呼吁开展以生态系统为基础的海岸带综合管理；2003年，IUCN第五届世界公园大会呼吁在海洋保护区建设中采取以生态系统为基础的管理途径；2004年，美国在其国家海洋政策中推进“从白水到蓝水”的海陆综合管理计划；2006年，第四届世界水论坛，更把淡水与海水的联系作为会议主题。所有这些重大政策导向均强调了资源与环境之间的有机联系、区域生态系统综合管理②；2006年3月，在联合国秘书长所作的2005年度海洋和海洋法的年度报告中，用了大量篇幅描述基于生态系统的管理方式，并呼吁各国尽快创造条件实施基于生态系统的海洋管理。③

K. Sherman和E. D. Anderson（2002）提出建立一种模块化方法检测、管理海洋生态系统。他们指出，近年来对世界自然资源管理正在从改变最大化短期收益率到重现可持续性的经济利益的转变。一个重要的里程碑是1992年6月联合国环境与发展会议（环发会

---

① 陈宝红，杨圣云，周秋麟．以生态系统管理为工具开展海岸带综合管理［J］．台湾海峡，2005，24（1）：122-130.

② 欧文霞，杨圣云．试论区域海洋生态系统管理是海洋综合管理的新发展［J］．海洋开发与管理，2006（4）：91.

③ 王敏旋．我国发展海洋经济上升到国家战略的几点思考［J］．当代经济，2012，2（1）：66-67.

议)提出的政策规划:① 防止和控制海洋环境的退化,以保持并改进其生命支持和生产能力;② 增加海洋生物资源的潜力,以满足人类营养需要,以及社会、经济和发展目标;③ 加强海洋生态系统管理,促进沿海地区可持续发展。科学与改善自然资源的全球管理之间的联系需要加强。一个可以作为实现 UNCED 目标的生态框架就是大型海洋生态系统的概念。[①]

Val Daya、Rosemary Paxinos、Jon Emmetta、Alison Wrighta 和 Meg Goeckera (2008)以南澳大利亚为例,研究了基于生态系统的海洋管理政策的制定。他们指出,南澳大利亚海洋规划框架是一个新型的以大规模生态系统为基础划分并开发利用海洋的管理政策。其从已知的生态标准派生,并利用地理信息系统(GIS),建立了四个生态示范区评价。一系列目标和战略将代表每个生态区所需的评价结果。一个绩效评估系统(PAS)也将随之评价海洋计划的成功与否。海洋计划将有利于长期保护整个生态系统的海洋环境,同时使范围广泛的海洋活动发生在一个可持续的框架内。[②]

以海洋渔业管理为例,由于长期以来对海洋渔业资源的过度开发和利用,从 20 世纪七八十年代开始,海洋渔业资源开始出现较为明显的衰退现象,鱼种退化的程度日益加剧,加之近岸海域的污染和生态的破坏等问题也不断严重和加剧,受此影响,各国普遍认识到需要对海洋渔业资源开发进行有效的管制,加强对海洋渔业资源的修复与养护,创新传统的海洋渔业管理方法。1994 年,美国鱼类和野生动物管理局开始将生态系统方法应用于鱼类和野生动物的

---

① K. Sherman, E. D. Anderson. A Modular Approach to Monitoring, Assessing and Managing Large Marine Ecosystems[J], Large Marine Ecosystems, 2002(11):9-25.

② Val Daya, Rosemary Paxinos, Jon Emmetta, Alison Wrighta and Meg Goeckera. The Marine Planning Framework for South Australia: A New Eecosystem-based Zoning Policy for Marine Management[J]. Marine Policy, 2008, 7(4):535-543.

保护。2001年《雷克雅未克宣言》(*Reykjavik Declaration*)将渔业的生态系统途径(Ecosystem Approach to Fisheries, EAF)作为渔业管理的框架。EAF是一种传统渔业管理的延伸,它认识到与利益相关方合作的重要性,致力于协调各种社会目标。EAF考虑到了人类对生态系统认识的局限性,主张在一个有生态意义的边界内进行渔业综合管理。从长远来看,基于生态系统的渔业管理可以提高海洋生态系统的生产力,使得生态系统能够以一种可持续的方式向人类提供高质量和高产量的食物。[①] 另外,海洋自然保护区管理和大海洋生态系管理也逐渐接受了生态系统管理的理念和生态系统途径,在海洋生物多样性和海洋生物资源保护方面获得了巨大的成效。

1.2.3 生态系统管理的基本原则

生态系统管理起源于传统的自然资源管理和利用领域,形成于20世纪90年代。它是指基于对生态系统组成、结构和功能过程的最佳理解,在一定的时空度范围内将人类价值和社会经济条件整合到生态系统经营中,以恢复或维持生态系统整体性和可持续性。生态系统管理要求收集被管理系统核心层次的生态学数据并监测生态系统的变化过程。生态系统管理的要素包括:有明确的管理目标,有确定的系统边界和单元,基于对生态系统的深刻理解,有适宜的尺度和等级结构,理解生态系统的不确定性,可适应性管理,强调部门与个人间的合作,把人类及其价值取向作为生态系统的一个成分等。生态系统管理的目标是实现生态系统的可持续性。[②]

Christensen(1996)等发表了一系列著作,奠定了生态系统规划

① 周杨明,于秀波,于贵瑞. 自然资源和生态系统管理的生态系统方法:概念、原则与应用[J]. 地球科学进展,2007,2(1):171-178.

② 任海,邬健国,彭少麟,赵利忠. 生态系统管理的概念与管理要素[J]. 应用生态学报,2000,11(3):455-458.

的理论基础。其认为生态系统规划是建立在以下 10 条原则的基础上的：要整体趋近生态系统；要以尊重生态系统过程和相关景观整体因子的方式趋近生态系统；要尽可能多目标经营；要整合生态的、经济的和社会的各种诉求；要尊重相邻生态系统；要在空间（生境、景观和地区）和时间（短期、中期和长期）尺度上进行整合；要由所有利益相关者参与决策；要有一个适宜的实施监控系统；要预设根据在实施过程中获得的信息进行调整的适应机制；要遵循预防的原则。①

Pavlikakis 等（2000）认为生态系统管理的主要原则包括四个方面：必须强调生态系统管理所涉及的相互协作；考虑生态系统管理所涉及区域内居民的特性、目标和行为的敏感性；必须允许和鼓励局部水平的多种利用和行为，以达到区域的长期管理；同时需要进行生态系统规划，以保持生态系统的生产能力和产出可用资源。而利用生物资源要对个人利用加以法律约束，必要时禁止个人利用；在规划、设计和决策过程中，需要收集关于区域的高质量的科学信息，以便对整个管理过程提供帮助。②

1996 年 6 月在英国皇家霍洛威环境研究所（Royal Holloway Institute for Environmental Research）召开的第一届 Sibthorp 研讨会上总结了生态系统管理的 10 项原则（其中①～⑤为指导性原则，⑥～⑩为操作性原则）③：① 管理目标是社会的选择；② 生态系统管理必须考虑人的因素；③ 生态系统必须在自然的分界内管理；④ 管理必须认识到变化是必然的；⑤ 生态系统管理必须在适当的

① 正阳晴．关于生态系统规划（管理）的 10 条原则［J］．世界林业动态，2008（9）：4.

② G. E. Pavlikakis，V. A. Tsihrintzis. Ecosystem Management：A View of a New Concept and Methodology［J］. Water Resource Management，2000：257-283.

③（英）Maltby Edward. 生态系统管理——科学与社会问题［M］. 康乐，韩兴国，等，译．北京：科学出版社，2003.

尺度内进行，保护必须利用各级保护区；⑥ 生态系统管理需要从全球考虑，从局部着手；⑦ 生态系统管理必须维持或加强生态系统结构与功能；⑧ 决策者应当以合适的科学工具为指导；⑨ 生态系统管理必须谨慎行事；⑩ 多学科交叉的途径是必要的。[①]

综合国内外研究，总结出生态系统管理的主要原则：① 生态完整性原则；② 自然边界原则；③ 生物多样性原则；④ 生态系统的动态性原则；⑤ 人类是生态系统重要成分原则；⑥ 适应性管理和预防原则；⑦ 多部门协作原则、多学科交叉原则、循环利用原则、管理尺度原则等其他生态系统管理原则。生态系统管理方法论一般包括9个步骤：① 调查确定系统的主要问题；② 当地居民的认知和参与；③ 政策、法律和经济分析；④ 确认管理的目标和对象；⑤ 生态系统管理边界的确定，尤其是确定等级系统结构，以核心层次为主，适当考虑相邻层次内容；⑥ 制订管理计划，将社会经济数据和生态数据在一个适宜的模型中关联；⑦ 实施和调控；⑧ 评价、明确管理方案的缺陷和局限性；⑨ 制订矫正措施，通过反馈机制进一步促进适应性管理的进行。[②]

生态系统途径的管理，重视人类活动对生态系统的干扰以及生态系统为人类持续提供服务功能的能力。CBD 于 2000 年制定的生态系统管理的 5 项行动指南进一步明确了 EA（Ecosystem Approach, EA；是西方发达国家的生态学家提出的一个术语，可译为生态系统途径或生态系统方法等）的科学内涵和实施办法。① 关注生态系统的各种功能关系和过程。在生态系统管理的过程中，必须充分理解生态系统结构、功能以及系统各组分之间的重复作用，特别是生

① 周杨明，于秀波，于贵瑞．自然资源和生态系统管理的生态系统方法：概念、原则与应用［J］．地球科学进展，2007，2(2)：171-178.

② 〔美〕沃科特，等．生态系统——平衡与管理的科学［M］．北京：科学出版社，2002：70-73.

态系统恢复能力及生物多样性丧失和生境破碎化所造成的影响。② 促进利益共享。生态系统的生物多样性及其他组分的功能所产生的效益是人类生存环境的安全及其可持续性的基础。EA 正是要确保这些功能效益得以恢复和维持，特别要保证能使承担生产和管理责任的部门或个人从中获益，并加强实施生态系统管理的基层单位的能力建设。③ 不断调整管理措施。生态系统的过程和功能是复杂的、多变的，其不确定性的程度随生态系统与社会结构的相互作用程度而增加。因此，制订生态系统管理的长期计划应考虑这些复杂性、多边性和人为因素所产生的影响以及各种意外情况，必须适时进行调整。通过对各种管理措施结果的监测和评估实现“边干边学”。④ 根据具体问题为生态系统管理选定适当的时空尺度，由基层单位承担管理任务。管理决策和行动首先应确定适当的层次。EA 要求基层单位更直接地参与生态系统管理的决策和行动。基层单位的参与首先要得到适当的授权，使之既有机会承担责任，又有能力实施合理的管理行动，而且需要得到政策和法律方面的支持。⑤ 确保有关部门之间相互协作。按照 EA 理念，生态系统管理要求增加各部门之间在一系列层次上的信息交流和相互协作。这可以通过在政府内部建立部门之间的协调机构，或建立共享信息和经验的网络来实现（Laffoley, 2004）。[①]

对于 CBD 于 2000 年提出的 EA 的 12 条原则，Wiken 于 2002 年将其归纳修改为 9 条原则：① 加强陆地、水域以及生物资源管理等机构和部门之间的合作与协调；② 寻求生态系统保护与生物资源可持续利用之间的适度平衡，以及在这些方面的公平和公正的利益共享；③ 确保生态系统的产品和服务功能的可持续供应；

① 汪思龙，赵士洞．生态系统途径——生态系统管理的一种新理念 [J]．应用生态学报，2004，12（12）：2364-2368.

④ 生态系统管理活动应主要由具体实施管理措施的基层单位来完成；⑤ 管理决策应建立在有效利用有关信息的基础上（包括本地的知识和经验、传统的方法和创新措施，各个学科所提供的知识）；⑥ 生态系统管理必须考虑相关的经济价值、困难和机遇，包括消除降低生物多样性价值的市场因素；推广促进生物多样性保护及其可持续利用的措施；尽可能地在实施管理活动的范围内，用管理活动所带来的经济利益治理由此产生的种种环境问题；⑦ 生态系统管理应在管理目标相适应的时间和空间尺度上进行，但同时要考虑到该管理活动对附近地域或相邻生态系统的影响；⑧ 生态系统管理应设定长期目标，充分认识到每一个生态系统所持续的时间及其所产生的后果和影响；⑨ 充分认识生态系统的内在动力学特征及其不确定性，适时调整生态系统的管理对策和措施。[①]

1.2.4 生态系统管理的内容[①]

综合多数生态管理学家的观点，生态系统管理的基本内容可以概括为以下几个方面。

（1）管理的目标要达到保护生态系统的健康和完整。纵观前人对生态系统管理的认识，多数都将生态系统与社会经济系统之间的协调发展作为生态系统管理的核心，而将对生态系统的组成、结构和功能的最佳理解作为实现生态系统管理目标的基础。为此，人类的社会经济活动应考虑自然系统的平衡和需求。

（2）在生态管理过程中识别阈值是必需的。阈值是指当生态系统退化到这个水平以下时，某些主要的性质或功能就必然会丧失。在许多情况下，阈值代表了在生态系统功能与人类利用之间的一种权衡。尽管很难找到一条准确的分界线，但可以找到一个表现随着

① 高艳．海洋综合管理的经济学基础研究［M］．北京：海洋出版社，2008.

人类利用的提高开始逐渐危及生态系统功能的区间。生态系统科学家及生态系统管理者的一个重要职能就是开发利用识别阈值的工具，为生态系统确定出不同的阈值水平，并将所获得的数据提供给决策者。①

（3）生态系统管理的尺度必须有足够的弹性和适应性。适应性管理是指在生态系统功能和社会需要两方面建立可测定的目标，通过控制性的科学管理、监测和调整管理活动来提高当前的数据收集水平，以满足生态系统容量和社会需求方面的变化。人类对生态系统的需求可能引起环境的变化，变化速率过快则会超出系统内许多物种的承受力，所以，管理必须从有效性出发灵活地处理新的信息并做出相应的调整。

（4）强调人类是生态系统的重要组成部分。生态系统管理是一种基于生态系统知识的管理和评价方法，这种方法将生态系统的结构、功能和过程以及人类、社会需求、经济需求融合在一起。从基本上说，生态系统管理是人类对生态系统进行的有效管理，从而保证生态系统的可持续性。整个管理过程不能割裂人与自然的联系，要考虑人与自然的相互作用，并确立科学的价值观，综合评价生态系统的价值，以最终实现管理目标。

生态系统管理的目的在于维持所有自然物种的生存，保护各种原生生态系统的完整性，维持正常的进化和生态过程以及物种与生态系统的进化潜力，并在维持生态系统健康的基础上满足人类开发与利用的需要。基于生态系统的管理体现了管理的层次关系，所以，在实施管理时要有系统观，综合考虑所有基因、物种、种群和环境等层面上的内在联系；要在适当的尺度上超越政治或行政边界，保护自

① 〔美〕沃科特，等．生态系统——平衡与管理的科学［M］．北京：科学出版社，2002：70–73.

然物种的变化，维持种群的自然扰动，保持自然变化范围内的生态系统代表性等；要进行深入的数据信息收集，包括生境类型与分布、自然扰动变化和种群变化评估等；要按照适应性管理的原则，借鉴以往的经验，不断改进管理决策以适应不确定性；要对现有的管理结构与机制进行调整，并采取多部门合作的方式解决出现的冲突。

1.2.5 生态系统管理与传统管理理念的区别及理论依据

基于生态系统的管理不同于传统的管理。基于生态系统的管理融入了可持续发展观念和生态系统管理方法，其管理政策更加注重生物多样性和环境保护，以实现经济、社会的可持续发展。其区别如表 1-2 所示。

表 1-2 基于生态系统的管理与传统管理的比较

比较内容	传统管理	基于生态系统的管理
管理的关注对象	单一或多个物种	生态系统
空间尺度	局部的空间尺度	多层次大空间尺度
视野	短期的目标	长远的考虑
人类与生态系统的关系	人类独立于生态系统	人类是生态系统的组成部分
科学研究与管理的关系	管理与科学研究脱节	适应性管理
管理目标	获得产品	持续的产品和服务供给

两种管理理念的主要区别与理论依据主要体现在以下方面。

1）管理方式不同

中共十八大报告提出，建设生态文明，是关系人民福祉、关乎民族未来的长远大计，必须树立尊重自然、顺应自然、保护自然的生态文明理念。生态文明建设的成效，主要取决于资源环境问题的系统解决。生态文明建设要求我们必须充分认识自然资源与经济社会的相互联系，在此基础上把对自然资源和生态环境的开发利用与人类经济社会的进步发展作为一个统一的整体系统加以考虑，最终实现人与自然的和谐发展。

目前各发达国家对于资源管理的主要经验表明：人们对于资源管理的认识主要是随着经济发展和社会进步而不断深化的。对资源的认识逐步从单纯向自然索取资源为主到发展相关资源产业，再到由于过度的资源开发导致生态问题日益突出，基于整体生态系统视角的可持续发展理论被提出并作为当前指导资源开发利用管理的基本理念。因此，可持续发展的理论就是要求以维护整个生态系统的健康稳定为前提，开展对自然资源的开发。不仅强调加强对于传统资源的管理，而且强调对于资源资产管理的重视，促进自然资源的全球配置。

随着可持续发展理论的提出，政府部门对于资源管理的综合化趋势愈发明显，管理的方式开始由数量管理向质量管理再到生态管理转变。主要表现为：管理的基础为各类资源的共性，管理的对象为可开发利用的自然资源整体，通过对不同种类自然资源的开发利用进行相互协调，形成资源开发利用的一体化综合运行机制，最终实现对不同自然资源的统一管理。具体到各国的自然资源管理实践中，各主要发达国家在将各类资源作为统一有机整体的基础上，通过从对整个生态系统的影响出发考虑各类资源的开发利用，不断推动各类资源实现生态上的耦合，强调不同种类资源开发利用的统一性和综合性，力求实现在更大尺度范围内保证资源开发利用的协调统一。在管理方式上，主要是采用市场调节为主，以自然资源管理的产权归属为基础，借助行政管理的结合和实物管理、价值管理的配套以及技术监督和经济监督相协调的管理模式。

2）资源利用方式不同

传统工业社会的生产模式是一种“资源—产品—污染物”单向流动的线性经济。随着经济的增长，资源瓶颈日益突出，经济系统需要从数量型增长转变到质量型发展。生态文明社会的生产模式是以资源合理利用、减少废弃物的排放为特征，在物质循环中最大限度地利用资源，是一种非线性的、循环的生产模式。因此，转变资源利用方式，是在生态系统管理理念下转变自然资源管理的重点所在。

首先，要坚持资源节约优先。节约资源是保护生态环境的根本之策。要坚持供需双向调节，以资源总量控制、倒逼资源开发利用方式的转变。其中，资源开发利用不仅要考虑技术经济条件的制约，而且要更加关注自然资源开发利用的连锁生态效应，追求适度资源开发承载力。

其次，要加强资源循环利用。当前，我国的资源循环利用还存在较大发展空间。要加强资源综合利用，不断提高资源保障程度，以对环境友好的方式利用自然资源，实现资源开发利用的生态化。

再次，要实施资源保障多元化战略。在立足国内的前提下，要充分利用“两种资源，两个市场”，积极参与全球矿产资源配置，拓展境外资源利用的空间和能力，同时加强矿产资源储备。

此外，还要加强技术创新。通过加强科技创新，提高资源利用的水平和效率，加强非常规资源的勘查与开发，如非常规油气资源（油页岩、煤层气、页岩气等），促进战略性新兴产业发展。

3）资源评价不同

在一定空间和区域内同时赋存有多种自然资源，在传统管理下对自然资源单一的或单方面的评价已不能满足当今社会的要求，要从更广的角度和尺度上对自然资源进行综合评价。按照生态系统管理的要求，对自然资源的评价体系应包括以下三个方面的内容。

一是对自然资源系统的评价。对自然资源系统进行评价，既有益于加深对区域发展基础的认识，更可为优先开发和利用自然资源的决策服务。自然资源系统评价的核心内容应包括：自然资源价值评估和自然资源核算体系；自然资源系统的适应性评价。

二是对自然资源开发的环境影响评价。自然资源开发环境评价，就是以实现资源可持续利用为目的，科学论证资源环境的承载力，确定资源开发的环境可行性和合理性。它可从局部性的或单一性的影响、区域性的影响、全球性的影响三个层面考虑。

三是对自然资源开发的关联评价。对资源开发作关联评价，就是要全面揭示资源开发可能造成的后果。自然资源开发的关联评价包含两个方面，即自然资源开发对其他某些资源的正面效应和负面效应，对其进行定性的或定量的评价。①

综合以上论述以及学界各种观点，可以看出生态系统管理概念的提出是科学家对全球规模的生态、环境和资源危机的一种响应。生态系统管理作为生态学、环境学和资源科学的复合领域，是涉及自然科学、人文科学和技术科学的新型交叉学科，不仅具有丰富的科学内涵，而且具有广阔的应用前景。在里约热内卢地球高峰会议上形成的21世纪议程中，明确指出自然资源的综合管理是维持生态系统和它们所提供的基本服务的关键。生态系统管理正是这种综合管理的体现。生态系统管理相对于传统的资源管理来讲首先是思维方式的转变，它提出了一体化管理的新框架，将人类作为其中的一个组成部分考虑进来，生态系统管理已经成为自然资源管理的一种新的综合途径。总结各种对生态系统管理的研究，可以发现生态系统管理本质就是维持自然资源与维持依赖于自然资源的社会经济系统之间的一种平衡。因此，所谓生态系统管理是在社会—经济—自然（生态）复合生态系统的视角下进行的管理活动，与传统的自然资源管理有着本质的区别。②

① 李金发．推动资源利用方式根本转变［N］．经济日报，2013-04-23.

② 李笑春，曹叶军，叶立国．生态系统管理研究综述［J］．内蒙古大学学报，2009，7（4）：87-93.

1.2.6 中国传统行政思想的借鉴[①]

世界著名管理大师德鲁克认为，管理以文化为转移，如能很好地利用当地的传统、价值观和信念，管理就会获得更大的成就。中华文化的传统、思想和精神如遗传基因一样，深藏于人们的潜意识和显意识之中，并在人们日常的思想、语言和行为中不断地表现出来。所以，行政管理体制改革，只有考虑到传统文化的各种影响，才能更好地有效推进；行政管理行为方式的选择和运用，只有以对传统文化的较深理解为基础，才能取得较好的管理效果，达到预期的行政目的。现代行政文化建设离不开对传统文化的继承和发展，建立符合中国社会和经济发展的现代行政文化是行政管理改革和行政发展的重要环节，是行政管理现代化的重要保证。

根据上述分析可知，对于我国的行政改革来说，值得借鉴的中国传统行政思想主要有以下几方面。

1）“民为邦本”和“仁政”的行政价值观

当前我国政府机构改革的目标是建立办事高效、运转协调、行为规范的行政管理体系，提高为人民服务的水平。它内在地包括了民主和效率两个相互依存的价值取向，这与传统行政文化的某些民主性思想有相通之处，而这些在现代社会仍具价值的思想对政府机构改革目标的制定和实现有着促进作用。

反观中国古代政治思想史，以人为本、民本治国的思想源远流长。春秋时期，齐国著名政治家管仲最先提出了以人为本的概念。《管子·霸业》中说：“夫霸王之所始也，以人为本，本治则国固，本乱则国危。”《尚书》中说：“民为邦本，本固邦宁。”再如，孔子的“大道

---

① 林国旗，张锐．论当代行政改革中值得借鉴的中国传统行政思想［J］．社会科学论坛，2007(6)：39-41.

之行也，天下为公”的思想；孟子的“民为贵，社稷次之，君为轻”的思想。古代民本思想的主要内容既包括“君为民立”“吏为民役”“得其心，斯得其民矣”的民本价值观，也包括爱民、利民、保民、富民等实现民本思想的措施和手段，还包括察民情、顺民意、安定民生、体恤民疾和取信于民的方式和目的。古代民本思想与共产党的宗旨有相通之处：共产党的宗旨是全心全意为人民服务，为实现此目的，必须走“一切为了群众，一切依靠群众，从群众中来，到群众中去”的群众路线。在新的历史条件下，我们党明确提出以人为本的理念，既是社会主义的内在要求，又是全面建设小康社会实践的需要。当前中国的政府机构改革，归根结底是要提高为人民服务的水平。从这个意义上讲，民本思想有助于政府机构改革目标的制定和实现。

在《礼记·哀公问》中，孟子要求为政者“以不忍人之心，行不忍人之政”。古代“仁政”思想同霸政思想相对立，是一种“以德行仁者王”的王道行政学说，它以“德治”为基础，是一种将行政问题道德化的学说。其主要内容包括治民以“恒产”、薄税赋、轻刑罚、救济穷人、保护工商等，这种思想至今仍有超时代、超阶级的价值。对政府机构改革而言，要实现民主和效率的改革目标，就必须精简机构，裁撤冗员，减轻纳税人的负担，同时又要完善社会保障制度，“惠顾在社会竞争中的最不利者”。所以，古代“仁政”思想对促进政府机构改革仍具有积极意义。

2）“和而不同”的行政协调观

中国传统文化主流是提倡“和”的。但这个“和”不是要牺牲多样性，而是在包容多样性的前提下实现的统一。西周末年，郑国的史伯就提出了“和实生物，同则不继”。到了春秋末期，齐国思想家晏婴更进一步指出“和”与“同”的差异，认为从日常生活到国家大事，都是靠不同的事物不同的意见“相成”“相济”，形成“和”的局面，方能生存发展。如果拒斥不同，追求一律，只能一事无成。与晏婴同时代的孔子更把“和”“同”思想提炼为道德箴言，叫作“君子和而不同，小人同而不和”（《论语·子路》）。

“和而不同”的要旨可归结为三个层次：社会中不同的人有不同的认识；不同的人和认识互相补充，共同促进；在统一的前提下使整个局面达到和谐。从微观说，这是处理人际关系的原则；从中观说，这是为政之道；从宏观说，这也是建设和谐社会的需要。所谓“和而不同”，即和睦相处但不盲目苟同之意。这对于今天我们通过政府机构改革，提高我们的执政能力和善政水平都有着重要的现实意义。首先，一项公共政策的制定或执行，如能运用“和而不同”的思想，经过专家论证、人大常委会审议等法定程序，或让广大社会成员参与决策，就能集思广益，从而保证决策的科学性、现实性和可行性，防止决策的重大失误，降低决策成本和社会成本。其次，在改革中央和地方的关系、调整地方政府内部利益关系的过程中，“和而不同”思想仍具有积极的意义。一是要按照市场经济条件下政府间职能配置的基本原则以及“和而不同”的思想，对中央政府与地方政府的事权加以合理安排、明确规范，避免职能配置趋于“同构化”。同时，在规范各级政府事权的基础上，加强政府间的协调和统一。二是要按照市场经济的要求，遵循“趋向综合、宜粗不宜细”的总体原则以及“和而不同”的思想，重新调整政府部门间的职能结构，做到职责明确、分工科学，同时注意加强部门之间的协调与合作。

3）以德治国的行政伦理观

当前政府机构改革，建设高素质的公务员队伍离不开行政伦理建设。我国传统行政思想中有丰富的可资借鉴的行政伦理思想。如孔子在《论语》中说，“为政以德，譬如北辰，居其所，而众星拱之”，即认为道德教化在政治中的作用，决非刑罚所能达到的。孔子要求当政者必须有表率的作用，“政者正也，子帅以正，孰能不正？”孟子也说：“行仁政、正君心、修德性。”

总之，我们要积极继承古代传统行政思想中科学的有益成分，并发展成现代行政思想，促进当前进行的行政改革乃至整个政治文明建设健康顺利发展。

1.2.7 国外生态系统管理研究的发展态势①

1）生态系统管理发展迅速，研究和应用领域不断扩展

在生态学研究和生态系统研究的基础上，生态系统管理的概念于20世纪60年代提出，使人们开始用生态的、系统的、综合的视角来思考资源环境问题。20世纪七八十年代，经过基础理论和应用实践的长足发展，其逐渐形成了完整的理论和方法体系。如今，更为先进的综合生态系统管理（Integrated Ecosystem Management，IEM）的理论和实践也开始迅速发展，见图1-1。

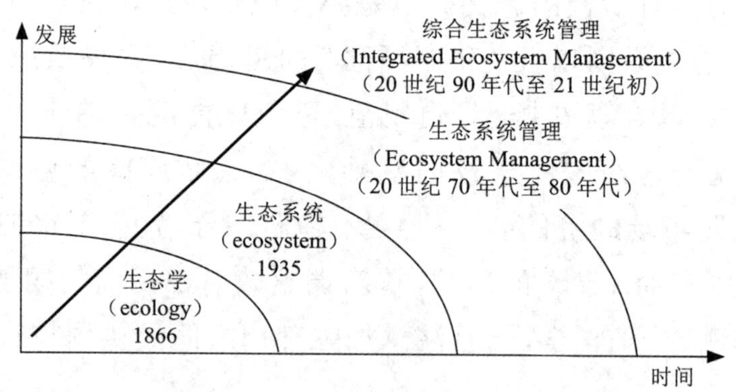

图1-1 生态系统管理术语发展

作为一种新的管理理念和管理方式，生态系统管理在森林、海

① 刘树臣，喻锋．国际生态系统管理研究发展趋势——区域尺度生态系统管理研究［J］．国土资源情报，2009（2）：10-17.

洋、农业和水资源等管理中得到较为广泛的应用。

在生态系统管理方面,科学家已经开展了两项颇具影响的国际计划,一是“全球生态系统探索分析”(PAGE),二是“千年生态系统评估项目”(MEA)。它们都非常重视全球各种生态系统的评价,也表明了开展全球生态系统评估研究是目前生态系统管理研究的重要方向。

2) *更加重视资源开发与环境协调发展*

在资源的开发利用过程中不可避免地会产生多方面的生态环境问题。

从国外生态系统管理的主要内容和研究重点来看,其解决的基本问题还是资源开发利用与生态环境协调发展。生态系统管理观念要求我们树立新型、科学的资源观,注重资源效益、环境效益、经济效益的协调,从重开发向开发与保护并重发展。目前,西方发达国家在自然资源的管理中特别注意对生态环境的保护,把资源作为重要的环境要素,实施了诸如土地管理中的生态系统管理、矿产资源开发利用中的“绿色矿业”、水资源管理中的“生态用水”等,这些都为实现国土资源的可持续利用提供了重要的思路。随着经济增长从数量扩张的粗放型向追求质量效率的集约型转变,资源管理方式也从数量管理跨过质量管理而进入生态管理阶段。在推进生态系统管理发展的进程中,要实现生态系统的可持续发展,进行质量和生态管护,需要建立一套科学、实用的指标体系和评价指标。在这方面,国际上已经做了大量工作,需要指出的是,美国国家研究委员会(NRC)于2003年出版的《国家生态指标》报告中建立了基于生态资产(包括生物和非生物)和生态功能、反映国家尺度生态系统健康状态的关键评价指标。

3）非常重视多学科的综合研究

生态系统管理研究具有强烈的多学科特点，需要综合利用地球科学、环境科学、资源科学、经济学和社会学的知识。在实施生态系统管理行动中，需要加强多学科的交叉和融合，为此全球环境基金（GEF）倡导综合生态系统管理的理念，并实施了一系列合作研究项目，如中国—全球环境基金干旱生态系统土地退化防治伙伴关系项目。

生态系统管理要求生态学家、社会经济学家和政府官员通力合作，但在现实中往往由于不同主体的利益出发点不同而不容易实现。

目前，国际上对综合生态系统管理存在以下主要认识：① 承认并重视人与自然之间存在的必然联系，承认并重视人类与其所依赖的自然环境资源有着直接或间接的必然联系；② 要求全面、综合地理解和对待生态系统及其各个组成成分，了解其自然特征、人类社会对其依赖程度以及社会、经济、政治、文化因素对生态系统的影响；③ 要求综合考虑社会、经济、自然和生物的需要、价值和功能，特别是健康的生态系统提供的环境功能、服务和社会经济效益，生态系统中的自然资源对人类福祉和生计需要的满足；④ 要求具备多学科的知识（如农学、生态学、环境学、管理学、社会学、经济学和法学等），需要自然技术科学和人文社会科学的结合，重视将生态学、经济学、社会学和管理学原理综合应用到对生态系统的管理之中，需要不同部门机构的协调和合作，特别是林业、农业、海洋、水利、环保、国防、科技、财政、规划以及立法和司法机构的协调和合作；⑤ 创立一种跨部门、跨行业、跨区域的综合管理框架，确保生态系统的生产力、生态系统的健康和人类对生态系统的可持续利用，以实现多元惠益的目的；⑥ 要求在制定生态保护、国家土地退化防治规划的时候，从生态环境的整体性上去综合考虑各个因素间的相互联系，将跨部门参与方式运用到自然资源管理的计划和实施中去，以优化资源和资金配置、创新管理体制、完善运行机制，进而从根本上保护生态环境。

以美国地质调查局自1995年开始实施的生态系统计划为例，其研究内容包括：土地特性，地表模拟，地质空间数据库管理，地表水和地下水水文学，地球物理学，生态学，地球化学，古生物学，水文模拟，污染物、沉积物和营养物动力学等。强调的重点问题是：区域或亚区域的环境资源问题（如水、矿产和土地），水质和水供给，矿产资源或能源利用或开采的环境效应，土地利用或土地覆盖的蚀变效应。这些信息将对管理和决策制定产生直接和重大的影响，为开展土地的生态系统管理提供依据和实践，也反映出在生态系统管理实施过程中，始终强调多学科结合的综合研究。

4）成立部门间协调机构已成为实现生态系统管理的有效途径

生态系统管理涉及资源管理部门和环境保护等多个部门，其有效运用和实施往往需要多个部门的合作和协作，建立资源管理的大部门制或涉及多部门的协调，真正推动生态系统管理的应用和发展。在这方面，美国成立的政府机构间生态系统管理特别工作组（Interagency Ecosystem Management Task Force）最具代表性，提高了美国联邦政府有关部门对生态系统途径的认识。

1995年，美国环境质量委员会、农业部、国防部、能源部、住房和城市发展部、内政部、司法部、劳动部、国务院、运输部、环境保护局和科学技术政策局等14个部门，联合签署了“鼓励生态系统途径的备忘录”，对生态系统途径的定义进一步进行了明确，统一了未来的行动。同年，政府机构间生态系统管理特别工作组发布了《生态系统途径：健康的生态系统与持续的经济发展》报告，就政府机构如何更好地实施生态系统途径提出了特别的建议。通过部门间协作，促进了美国自然资源管理中生态系统管理理念和方法的应用。

多部门合作对实施生态系统管理发挥着至关重要的作用，主要体现在：① 评述不同部门的政策，确定冲突和兼容的地方；② 各种活动、成果和方法等信息的共享；③ 发现数据储存的地方，并确保各种机构能充分利用；④ 共享其他组织开展的项目活动的知识；⑤ 协调和综合信息采集活动；⑥ 避免重复和实现行动的协同；⑦ 传播管理的工作和责任；⑧ 确定对生态系统服务至关重要的而且需要采取特殊形式管理和合作的场所和生境。

5）重视区域尺度生态系统管理研究

生态系统可以在不同的空间尺度上定义，生态系统的范围可以是微小的湖泊，也可能是面积达几千平方千米的森林。生态系统管理研究涉及生物细胞、组织、个体、种群、群落、生态系统、区域、陆地、海洋与全球等不同尺度上的对象，但具有宏观生态学意义的主要包括生态系统、区域和全球三大层次。全球尺度的研究，有利于从总体上了解全球生态系统管理的方向、原则、框架和态势，并可加深和增强公众对生态系统管理问题的认识和意识，但却失去了决策者们制定政策所必需的地方性特点。当今世界社会经济、文化传统与生态环境的巨大差异，决定了全球不是一个探讨生态系统管理可统一操作的空间途径。另外，尽管生态系统尺度的研究是宏观生态系统管理的基本依据，有助于解析大尺度生态系统演替的成因机理，但生态系统更多的属于类型研究范畴，难以反映地域空间的整体健康状况，也非可操作的空间单元。因此，中尺度的区域或流域，作为一个不同生态系统空间镶嵌而成的地域单元，是全球尺度研究的重要基础，既能将宏观（全球）与微观（生态系统）尺度的生态问题紧密联系起来，又能使生态系统状态与社会经济影响相互关联，是进行生态系统管理研究的关键尺度。

从生态系统管理的发展历程和实践特点来看，作为生态系统管理重要内容和途径的生态评价、生态修复、生物多样性等研究的空间尺度一直以来主要集中在森林、草地、河流、海洋、湿地、沙漠和农田、城市等单一的自然、人工生态系统尺度，如美国西北太平洋沿岸区域森林生态系统规划和评价、美国大湖区—圣劳伦斯河盆地水体生态系统评价、澳大利亚兰杰矿区生态系统恢复、俄罗斯圣彼得堡城市生态系统监测和整治等。近年来，国外在区域或流域尺度上的综合生态系统管理研究和实践中均取得了长足的进步，也把生态系统管理带入一个新的空间尺度上来。如美国在旧金山湾等地实施的生态系统计划，针对区域或流域尺度上的水质和水供给、矿产资源或能源利用或开采的环境效应、土地利用或土地盖层的蚀变效应等资源环境问题开展研究，在区域或流域尺度上实现了多学科结合的生态系统管理综合研究。

另外，国外关于生态系统管理的研究多以脆弱的、经济和生态意义重大的生态系统为重点，研究工作大多停留在自然保护区（或国家公园）生态系统管理的生态经济学和政策的理论性探讨阶段；以生态系统定位观测资料、常规气象数据库以及资源环境数据库为依托，利用遥感和地理信息系统等技术手段为辅助，对重点区域生态系统管理的科学问题开展专题和综合研究，阐明决定区域尺度生态系统行为的关键生态学过程的理论机制和特征，构建高产、高效和可持续的生态系统管理模式，探讨区域可持续发展战略和资源管理策略。

1.3 海洋综合管理的内涵和特点①

1.3.1 海洋综合管理的内涵

1）海洋综合管理的提出

海洋综合管理思想萌生于20世纪30年代的美国。20世纪之前，

① 高艳．海洋综合管理的经济学基础研究［M］．北京：海洋出版社，2008：48-62.

有关国家的海洋管理的主要职能表现在围绕海外殖民掠夺航行和商业利益等为中心进行的争夺，未认识到所主张的海洋权利与海洋资源之间能够产生利益的联系。随着海洋开发利用活动在国家经济体系中比重的日益增加，世界各国在深化海洋空间区域的合理权益划分后，充分注意到了海洋自然资源与国家利益的关系，如海洋渔业资源的衰减受到关注。1921 年美国渔业局就曾报告："过去从未适当考虑过至关重要的资源养护问题，对此，尽人皆知的某些宝贵渔业资源衰退应该是有效的警告。今后应当更直接、更广泛地应用科学研究成果。"即直接从行业管理的角度向国家提出忠告。当时有些学者提出，应对延伸到大陆架外部边缘的海洋空间和海洋资源区域采用综合管理的方法以统筹考虑其开发利用问题。然而这项建议，由于外交政策方面的限制以及缺少令人信服的理由而被否决了。

直至 20 世纪 70 年代末，随着海洋资源的大规模开发，出现了近海资源衰退、水质恶化和灾害频发等一系列的负面问题，严重地威胁未来海洋可持续利用的前景，而传统的分散的行业管理已无法解决海洋的整体和全局性问题。因此，20 世纪 80 年代海洋综合管理又被重新提出，并逐步获得重视。其一，1982 年第三次联合国海洋法会议通过《联合国海洋法公约》，该公约中新的海洋法制度"给所有国家，特别是发展中国家带来巨大希望"，提出要依靠海洋资源满足各国人民营养需要、满足其能源需要、满足其对新的或补充的原材料来源的需要，为此联合国号召各沿海国家大力加强海洋管理，尤其是要加强海洋的综合管理。这意味着，单纯的海洋开发利用或单纯的海洋环境保护都不是海洋管理的目的，而应在充分兼顾各方面利益的基础上，实施将海洋环境保护纳入总体经济发展的政策，动态评价海洋开发利用引起的海洋价值变化；合理利用海洋资源以充分满足社会可持续发展和国家整体利益的需要；防止、减少和控制海洋环境污染，包括沿海的海洋生态系统的破坏、退化；保护海洋生物的多样性和生产能力、生物环境和生物种群之间的生态关系；统筹协调海洋资源管理研究、技术发展和基础设施建设等发展，为国家全面、综合管理海洋提供了基础和依据。其二，1989 年 11 月 16 日在第 44 届联合国大会上联合国秘书长关于《实现依海洋法公约而有的利益：各国在开发和管理海洋资源方面的需要》的专题报告，详细论述了海洋资源对沿海国家，特别是发展中国家的重要作用的同时，全面阐述了海洋综合管理的意义、作用和目标，进而号召各沿海国家采取积极的措施，实行海洋的综合管理制度。其三，1992 年联合国环境与发展会议通过并签署了《21 世纪议程》，其中第 17 章海洋可持续发展的核心思想也是未来的一项基本任务——保持海洋的可持续利用，沿海国家必须对毗邻管辖海域实施海洋综合管理。与会的各沿海国家政府首脑，对此作出了承诺。自此，海洋综合管理作为国家海洋管理的基本制度最终确立下来。

2）海洋综合管理的含义

海洋综合管理是一个新概念，更是一个发展中的新概念。

20世纪80年代前提出的海洋综合管理的含义还是极为简单的，它只是反映了当时的海洋实践水平。国外文献阐述海洋综合管理概念时，多以解释的方式说明综合管理的执行层次、联系机制、管理规划、管理策略和管理范围等。美国是最早提出海洋综合管理的国家，其代表性论著有 J. M. 阿姆斯特朗和 P. C. 赖纳合作完成的《美国海洋管理》。该书认为，海洋综合管理是把某一特定空间内的资源、海况以及人类活动加以统筹考虑。这种管理方法可以看作特殊区域管理的一种发展，即提出把整个海洋或其中的某一重要部分作为一个需要予以关注的特别区域。

《中国海洋 21 世纪议程》把海洋综合管理表述为：海洋综合管

理应从国家的海洋权益、海洋资源、海洋环境的整体利益出发，通过方针、政策、法规、区划、规划的制定和实施，以及组织协调、综合平衡有关产业部门和沿海地区在开发利用海洋中的关系，以达到维护海洋权益、合理开发海洋资源、保护海洋环境，促进海洋经济持续、稳定、协调发展的目的。

经过近20年的海洋管理的研究与实践，海洋综合管理的内涵得以不断充实和丰富。中国的海洋管理专家和学者对海洋综合管理做了较多研究。其中，鹿守本先生根据已有的理论研究和我国海洋管理的实践经验，在《海洋管理通论》一书中表述为："海洋综合管理是国家通过各级政府对海洋（主要集中在管辖海域）的空间、资源、环境和权益等进行的全面的、统筹协调的管理活动。"① 在这一归纳表述基础上，还可以延伸表达如下：海洋综合管理是海洋管理的高层次管理形态；它以国家的海洋整体利益为目标，通过发展战略、政策、规划、区划、立法、执法以及行政监督等行为，对国家管辖海域的空间、环境和权益，在统一管理与分部门和分级管理的体制下，实施统筹协调管理，达到提高海洋开发利用的系统功效、海洋经济的协调发展、保护海洋环境和国家海洋权益的目的。

海洋综合管理的这一含义，包含了四个方面的内容。

（1）海洋综合管理是海洋管理范畴内的一种类型。它不仅具有管理的一般职能，而且具有其他海洋管理方式不具有的职能，其表现为：它不是对海洋的某一局部区域或某一方面的具体内容的管理，而是立足全部海域和根本长远利益，对海洋整体、内容全覆盖的统筹协调的高层次的管理形式，它是海洋管理的新发展。

（2）海洋综合管理的目标，集中于国家在海洋整体上的系统功效和继续发展、持续海洋开发利用条件的创造。这是局部或行业管

① 鹿守本．海洋管理通论［M］．北京：海洋出版社，1997：92-93.

理难以达到的目标。

(3) 海洋综合管理侧重于全局、整体、宏观和公用条件的建立与实践，它不深入到具体的管理，比如行业资源开发利用活动的管理。因此，所采用的手段必须是战略、政策、规划、区划、立法与执法、行政协调等。

(4) 国家管辖海域之外的海洋利益的维护和获取，也是海洋综合管理的基本任务。公海区域的空间与国际海底区域的矿产资源，是全人类的共同遗产，各国有合理享用的权利，当然也有维护公海区域自然环境的义务。

以上含义揭示了海洋综合管理的本质属性在于从国家海洋整体利益出发，以海洋的可持续发展为最高目标，通过战略、法规、政策、规划、执法等手段，保护海洋生态环境，保障海洋资源的持续利用，达到社会、经济、环境效益的最佳统一。

管华诗、王曙光主编的《海洋管理概论》一书中，从广义的角度对海洋管理加以定义，指出“所谓海洋管理是指政府以及海洋开发主体对海洋资源、海洋环境、海洋开发利用活动、海洋权益等进行的调查、决策、计划、组织、协调和控制工作”[①]。这种广义的海洋管理概念试图突破海洋管理是政府行政管理的限制，在一个更宽泛的意义上理解海洋管理，也为我们研究海洋综合管理提供了一个更宽的研究视角。因为海洋资源的多元化，功能的多重性，使得多种产业在同一海域进行开发活动成为可能，这样就产生了产业进入海洋的先后顺序以及产业活动与海洋环境保护的种种问题。行政区划是难以割裂海水的连续性、流动性的，生态系统也是不遵从行政边界的，海水的污染也不会因行政边界被阻隔，海洋中任何一种污染，如陆源排污、海上油井溢油、船舶溢油、赤潮等都不可能仅仅停留在固

① 管华诗，王曙光．海洋管理概论［M］．青岛：中国海洋大学出版社，2003：1-2.

定的位置，会随海风或海流很快扩散到其他海域。海洋中的任何一种开发活动必将影响或涉及其他的开发活动，这种问题必须通过综合管理的途径加以协调，从海洋的整体利益出发，统筹兼顾，才能达到获得国家最大的基本利益的目标。海洋综合管理既是一种理念，也是一种管理方法，通过它将发生在海洋上一定区域内的许多活动（航海、捕鱼、采矿）及环境状况看成一个整体，在不损坏当地社会经济利益及危害子孙后代利益的前提下，优化使用这一整体，使国家获得最大的基本利益。

上述海洋综合管理的本质属性决定了综合管理的基本职能，概括起来有海洋立法管理、海洋权益管理、海洋规划三大主体职能以及海洋资源管理、海洋环境管理、海洋经济管理、海洋科技、海洋执法管理、海洋人力资源管理和海洋公益管理七个具体方面。这些基本职能反映了海洋综合管理的内涵，即在保障海洋可持续发展的前提下，对涉海的全部活动给予支持、限制和规范。

1.3.2 海洋综合管理的特点

海洋管理是海洋事业的重要组成部分，它通过行政、法律、群众团体、舆论、经济等途径，对海洋区划、规划、计划、调查、科学研究、开发利用、生产活动进行组织、领导、指挥和调控，从而保证有效地维护海洋的权益和秩序，合理开发利用海洋资源，切实保护海洋生态环境，实现海洋资源、环境的永续利用和海洋事业的协调发展。

近二三十年来，人类在探索海洋奥秘、开发利用海洋、发展海洋经济方面取得了前所未有的成就，同时在对海洋重要性的认识、海洋管理的理论和实践方面也取得了重大进展：海洋是多维结构体，海洋是资源宝库，海洋是全球通道，海洋是人类生存发展的新空间，海洋是国土的组成部分，海洋是人类共同继承的财产，等等。基于这些认识，1992 年联合国环境与发展大会指出：“海洋是全球生命支持系统的基本组成部分，也是实现可持续发展的宝贵财富。”1994年《联合国海洋法公约》生效，极大地唤起了人类对海洋的关注，世界沿海国家掀起了向海洋进军的热潮，也加剧了对海洋管辖与资源的争夺。海洋的综合统一管理日益受到世界各国的重视，各邻海大国纷纷加强对海洋的综合管理，构建一个覆盖中央和地方、各产业部门、经济运行各个环节的海洋综合管理系统已成为当前世界海洋管理的大趋势。我国自1989年建立海洋综合管理的新体制以来，根据已有的研究成果和长期的海洋管理经验总结，以国家海洋管理部门为主体开展海洋综合管理的实践，加深了对综合管理的性质、本质特点和基本任务的理解和认识。

《联合国海洋法公约》确立了世界海洋管理的新制度和新秩序，改变了由沿海国家在其领海内的狭窄管辖带和其领海之外的公海自由构成的传统海洋管理；多数沿海国家倡导对海洋，尤其是对海岸带实行综合管理的新理念。海洋管理是复杂的，这不仅是因为海水本身的流动性、三维特性、风暴等自然灾害的不确定性、自然环境与行政边界缺乏有机联系等原因，而且随着人类开发利用海洋事业的深入发展，出现了许多新的海洋产业，引发了不少海洋管理的新问题。这些问题包括跨国界种群和高度洄游鱼类的管理，海洋污染不受国界约束，等等。同时，部门之间、产业与产业，尤其是新兴产业与传统产业在海洋开发利用的时空矛盾势必日趋加剧。要管好海洋这份珍贵的财产，必须改变各部门分割管理的体制，实现综合管理的特别策略。

因此，海洋综合管理不仅仅是一种海洋管理的高级形态，更是随着人类对海洋和海洋自然属性的认识的发展和深入，是在目前的历史时期和实践条件下，人们根据海洋的特殊自然属性和海洋管理工作的特殊复杂性而得出的对海洋管理发展的客观理性要求；通过对海洋综合管理系统整体管理活动（价值活动）流程的协调与优化，协调和权衡各个海洋管理部门和用海产业的权、责、利，达到各个海洋管理环节的协同效应，推进海洋资源可持续的多样化利用，维护海洋生物多样性和生态环境。

综合管理的本质特征就是它的综合性，是在海洋行业管理平台上的管理内容的综合、管理部门的综合、陆地与海洋管理的综合、战略目标与方针政策的综合。但这种综合不是一般意义上的联合，也不是管理内容的相加，而是海洋管理中从局部到全局的抽象和由具体到一般的抽象。海洋综合管理，就是从众多涉海的各行业管理中抽象出具有普遍意义的海洋环境问题、海洋资源问题、海洋空间问题、海洋权益问题以及如何解决这些问题的战略、方针、政策、法规手段和方法。主要体现在以下几个方面。

1）国际海洋事务间的综合

由于海水的流动性、海洋生物的洄游性、海洋灾害的广泛性，决定了海洋问题在很多方面是没有国界的，需要国家与国家之间密切合作，共同开发，保护海洋。这种国家间的合作就是一种综合的过程。

2）海洋管理部门间的综合

国家、省、市县级政府都是海洋综合管理工作的主要实施者，但由于各自管辖的区域不同、资源状况不同、公众需求不同、所处的位置不同、发挥的作用不同，决定了他们之间的利害关系也不完全一致，彼此之间会产生矛盾和冲突。海洋开发各部门间也存在争资源等矛盾。这就需要一个综合管理部门站在公正、客观的立场，来权衡利弊得失，作出科学、合理的决策。

3）陆地与海洋的综合

海洋是一个流动的水体，但海洋综合管理所涉及的绝不仅仅是海洋单方面的问题，还必然涉及陆地问题。一方面表现为实施海陆一体化开发的战略，另一方面表现为海陆综合治理。因为海洋经济的发展必须以陆地为依托，海洋开发向深度和广度发展，海洋产业群逐步增殖扩大，它们对陆域腹地的要求必然越来越高；同样，陆地开发建设活动必然对海洋开发提出更高的要求，向海洋要生产和生活空间，要食物和水资源等。因此，需要根据海陆一体化的战略，统筹沿海陆地区域和海洋区域的国土开发规划。

4）海洋资源利用的综合

海洋资源的空间立体化程度高，单一功能的开发往往会导致资源的浪费和破坏，因此，应该对海洋资源进行综合开发利用，实现海洋多目标、多层次的开发，提高开发利用效率，发挥海洋资源空间整体效益。

5）海洋政策与战略目标的综合

海洋的自然属性制约着海洋政策的制定，也就是说在制定海洋政策时必须立足于海洋的综合性、统一性。通过海洋政策的制定，将海洋资源、环境、权益及公益服务等各行业管理统筹协调，使海洋管理系统的不同层次之间的目标、任务措施紧密联系，有利于海洋战略目标的制定与实现。

6）学科间的综合

海洋综合管理也存在着科学工作者与决策者之间的综合。科学工作者由于所从事的学科不同，对同一问题的观察、分析角度不同，采用的方法不同，会得出不同的结果。同时，海洋科学工作者与决策者之间，由于所处的位置不同，承担的任务不同，看问题的角度不同，他们之间也会产生一些矛盾，所以，也需要进行综合分析。

总之，海洋综合管理更加突出了协调的功能，包括对海洋活动、规划及政策的协调。协调的目的是促进和加强机构间和部门间的协作，尽可能减少行业机构功能的重复。

1.3.3 海洋综合管理的主要原则

海洋综合管理的原则是海洋管理活动所遵循的行为准则和标准，是保证海洋管理职能和目标得以实现，推动海洋开发、利用和保护事业协调、可持续发展的重要因素和有力保证。海洋综合管理主要遵循以下原则。

1）综合利用原则

海洋是自然界中统一性最强的自然体。海洋资源与环境之间，相互联系，相互制约，在大的海洋自然系统中，又形成了一系列不同层次、不同内容的子系统，其中任何一个因素、一种资源、一个子系统的变化，都会影响整体的变化。另外，海洋的不同子系统，又受其特定的地理位置、自然资源与环境条件和邻近地区的社会经济与发展走向等因素的影响，从而形成各个海域不同的海洋经济的结构和特色，有的可能是以港口为主体的临港工业区，有的可能是以旅游为主体的休闲度假区，有的可能是以海底石油天然气为主体的经济开发区，等等。所以，海洋综合利用是由海洋资源与空间的整体性决定的。为保证海洋综合价值的发挥，必须对海域各种开发进行统筹兼顾、综合平衡，通过区域、时序上的安排以及消除不利影响的措施，使各种资源的价值能有效利用。

海洋综合利用原则的要点：一是一个空间范围内的全部资源，只要是有社会利用价值的，都应该包括在利用的范围之中；二是对这些可利用的资源实施科学的开发利用，应该注意到各种资源的有关价值的体现；三是综合利用应注意到各种资源的价值和反映在开发利用上的合理效益等的有机统一。

2）生态学原则

海洋生态系统是全球生态系统的一个主要的子系统。与陆地生态系统比较，海洋生态系统的生物要素复杂得多，分布要广阔得多、立体得多。人类对海洋资源的开发和对海洋空间、环境的利用，必然是对海洋自然生态系统的一种干扰，甚至对海洋自然资源和环境的保护活动也不能排除这种干扰。近几十年来，由于人为的原因，或过度使用，或污染环境等，海洋动物的种类和数量都大大地减少了。海洋管理的生态学原则，就是要在海洋管理活动中，充分注意自然界诸多因子之间的关联性，关注海洋生态系统的所有组成部分彼此的制约关系和生物与生态环境之间的平衡关系，将海洋开发利用的规模和强度控制在正常生态系统允许的范围之内。

3）功能原则

人类开发利用海域，应建立在海域固有的自然属性的基础上，也就是建立在各个海域的客观功能基础之上。海洋的不同区域，都具有其特定的区位、自然资源、自然环境条件，它们决定了这些区域海洋的自然属性。它们在区位和自然环境上的差异性，制约了人类对海洋不同区域开发内容的适宜性选择问题。人类通过大量的海洋开发实践活动，逐步积累和建立了各类海洋资源与空间利用的社会标准和自然选择标准，除社会因素外，对特定的各种海洋开发项目，最起码的要求是海洋具备开发所需要的资源对象和有利于实施的自然环境条件。违背海洋功能，单凭人们的主观意愿或社会的需要，强行开发，其后果必然造成劳民伤财。因此，人类的开发活动只有和具体区域的功能取得一致或协调，才能取得良好的综合效益，达到开发的预期目的。

4）协同原则

协同发展是指协调两个或者两个以上的不同资源或者个体，相互协作完成某一目标，达到共同发展的双赢效果。协同发展论已被当今世界许多国家和地区确定为实现社会可持续发展的基础。1992年联合国环境与发展会议通过的《21世纪议程》指出："每个沿海国家都应考虑建立或在必要时加强适当的协调机制（例如高级别规划机构），在地方一级和国家一级上，对沿海和海洋区及其资源实施综合管理，实现可持续发展。"针对海洋事务牵扯面广、涉及部门多、管理手段多样等特点，政府高层协调是解决海洋复杂问题的有效办法。沿海国家大都认识到这种情况并普遍重视建立和完善统筹协调本国海洋事务的高层协调机制。如果没有高层决策和协调机制，就难以制定能统筹海洋事务各个方面的国家总体海洋发展规划，就容易导致涉海部门从局部利益出发进行工作安排，特别是在一些海洋重大事件发生时，由于缺乏协调机制，彼此之间信息沟通不畅，常常会错过最佳处置时机，处于被动局面。所以，加强海洋综合管理，应建立能够统筹海洋政治、经济、外交、军事等事务的国家高层次协调机制。

5）可持续利用原则

海洋资源对人类的未来而言，不论是可再生资源还是不可再生资源，也不论储量大还是储量小，最终都会变得稀缺。实现海洋资源可持续利用的最根本的目的是其对于人类效用的持续实现。由于不同的地区处在不同的经济发展阶段上，即使在同代人中人们对海洋资源效用的看法也是不一致的，尤其是现在根本无法准确判断下一代人对于海洋资源效用的看法。因此，当前在海洋资源可持续利用认识中，更重要的是树立一种崭新的资源观念和可持续发展观念。这是一种追求，更是一种理想，仅靠一代人或几代人是难以实现的，必须世代努力下去。

欲实现海洋资源的可持续利用，就要全面认识海洋资源的生态或生命、经济、环境等方面的价值与功能。海洋资源的价值与功能紧密相连，相互依存，互为前提。同时，在各种海洋资源中，也存在着复杂的依存与制约关系。例如，若因人类的不合理干预，使某种海洋资源难以持续存在、形成与积累，那么这种影响就会通过它所处的生态系统网络形式辐射开去，从而构成对其他海洋资源存在状况的影响；此时，人类失去的将不仅是海洋资源作为生产要素的经济价值，而且同时将失去海洋资源的生命支持、环境净化等方面的价值与功能。所以说，实现海洋资源可持续利用的意义，不仅是作为生产资料经济价值利用上的可持续，而且是生存价值、环境价值的可持续实现。

6）统一管理与分级管理相结合原则

海洋事业是个综合的事业，既有众多的行业开发管理部门，也有许多海洋环境保护机构和专门的海洋行政管理机构；既有国家的中央的海洋全局管理，也有沿海省、自治区和直辖市对毗邻海域的局部区域管理。所以，海洋管理既不可能是完全集中的、单一的管理，也不可能是不分级别层次的管理，而是既有统一的综合管理，又有分部门的行业管理和按行政系统的分级的海洋管理，只有三者科学合理分工、职责明确、运行机制合理、有机协调配合，才是可取的海洋管理体制，这就是“统一管理和分部门分级管理相结合的体制”。贯彻这一原则，是达到合理开发利用和保护海洋的极为重要的原则和途径。

1.3.4 实施海洋综合管理的必要性

海洋综合管理是海洋事业发展到一定时期的产物，是海洋管理发展的必然阶段。应该说，对于海洋综合管理的需要，促成了海洋综合管理的产生，并且又推动了海洋综合管理的实施和发展。

1）实施海洋综合管理有助于维护海洋的统一性

海洋是地球上统一性最强的自然体，是资源与环境高度统一和复合的自然地理单元，以海水为介质流动的、统一的海洋整体以其特有的功能支持和维系着大自然的生态平衡，影响着人类的生存和发展。从早期的渔猎和航运价值到现在的生态和国土价值，海洋为人类的生存和发展提供着越来越广阔的空间。从海洋中寻找、获取资源，向海洋要效益，开发利用海洋，既是海洋造福于人类的一种体现，又反映了人类利用自然、改造自然的一种能力。但是，如同任何事物的存在都是有条件的一样，海洋有价值并不意味着海洋的价值和功能是不变的，当条件发生变化时，海洋价值也会随之变化。当超过一定限度时，甚至可能导致海洋功能的丧失、海洋环境质量的恶化和生态的破坏，进而对人类产生极大的危害。

为此，海洋管理也应遵循海洋的自然规律，保持高度的综合性和统一性。但是，在海洋的开发利用过程中，依据海洋功能和社会需要建立起来的与海洋有关的各行各业往往有其确切的行业界限，有着各自的开发利用对象，使用着不同的方式方法。这种状况，经常导致先占有的先开发、先使用，其结果招致海洋价值受损，海洋的功能难以正常发挥。主要表现如下：一是海洋的多功能性没有充分表现出来，海洋的某一方面功能被放大使用，而同一海域所具有的其他价值被压制，甚至被破坏；二是海洋价值不但没有有益于人类，反而对人类造成危害。况且，海洋开发利用的单一性、无度性，很可能影响海洋生态系统的平衡，对海洋生态系统造成破坏。

因此，从维护海洋统一性、保护海洋价值出发，必须对海洋进行全面考虑，统筹规划，综合管理。

2）实施海洋综合管理将有助于解决海洋资源开发利用中的矛盾冲突

海洋开发利用中的矛盾冲突主要来自以下几方面。

一是人口的聚集导致沿海地区压力增大。海洋除了所具有的政治、军事、经济、文化、生态等价值外，还有一个更重要的价值体现在为世界上一半以上的人口提供了濒海而居的环境。20世纪末，发展中国家人口的2/3居住在沿海地区。目前，我国沿海省份总人口约占全国人口总数的40%，中国达到中等发达国家水平时，预计沿海地区的人口可能达到7亿至8亿。可以断言，未来沿海地区仍然是人类生产和生活的最佳地带。但是，值得我们关注的是，人口的增长必然需要更多的生产和生活空间，需要更多的资源，会对沿海地区的发展产生极大的影响，这又在很大程度上制约了沿海经济的发展，使各种矛盾冲突加剧。

二是沿海地区经济的发展对海洋资源环境的破坏加剧。海洋经济的发展也是一种交换行为，必须以一定的环境代价和海洋资源投入为前提。进入20世纪80年代之后，随着人口不断膨胀和陆地资源的日益紧缺，人类对海洋资源和空间的利用不断加强。但是对海洋资源的利用大多是处于低效率的状态。这样做的后果是：一方面引起了对海洋环境的污染、自然生态环境的破坏和近海渔业资源的严重衰退，使海洋资源的开发与环境保护面临十分严峻的形势；另一方面是海洋资源利用不合理，过度开发，使资源的再生产能力受到破坏，生态环境遭到严重破坏的现象普遍存在，反过来又影响了海洋经济的可持续发展。

三是海洋开发导致利益相关者之间的冲突加剧。海洋管理面对的是一个充满矛盾的复杂体系，涉及政府行政机关、企业、个人及其他社会组织等诸多方面，他们彼此的利益取向各不相同，但目标指向是一致的，即海洋的价值。这些不同的利益相关者，都作为海洋管理系统中的一个要素而存在，彼此相互制约、相互影响，在开发和利用海洋等问题上彼此产生着矛盾冲突。

不争的事实是，随着沿海地区人口的急剧增长和资源的过度开发，在国家之间、地区之间、部门之间的边界之争、区域之争、资源之争屡见不鲜，且矛盾日趋严重。在这种情况下，必须实施海洋综合管理，通过有效管理以解决或缓解矛盾冲突。

3）实施海洋综合管理将有助于维护海洋生态系统的健康和平衡

海洋生态系统的健康是海洋资源可持续开发和环境保护的基础和前提，然而，由于海洋生态系统的多变性和复杂性，很难就其健康标准给出一个科学的或普遍认可的指标。建立在海洋生态系统尺度上的管理过程需要从整体上来考虑，充分关注各种生物之间及其与所处的自然环境之间的相互作用。现代渔业危机和海洋环境危机推动了创新性海洋环境管理方式的转变，催生了新的基于生态系统的海洋环境管理模式。这种管理方法必须是将生态、社会和经济目标结合起来，并将人类视为生态系统的一个主要组成部分来进行管理，只有实施海洋综合管理，统筹海洋资源的可持续利用、海洋环境的有效保护和海洋生态系统的健康平衡，才能解决对海洋和海岸带地区越来越多的资源、环境威胁和对海洋生态系统的破坏。

1.4 基于海洋生态系统的海洋综合管理理念

1.4.1 海洋生态系统的概念

海洋生态系统是海洋中由生物群落及其环境相互作用所构成的自然系统。全球海洋是一个大生态系统，其中包含许多不同等级的次级生态系统。每个次级生态系统占据一定的空间，由相互作用的生物部分和非生物部分，通过能量流和物质流形成具有一定结构和功能的统一体。海洋生态系统按海区划分，一般分为沿岸生态系统、大洋生态系统、上升流生态系统等；按生物群落划分，一般分为红树林生态系统、珊瑚礁生态系统、海草场生态系统等。

海洋生态系统研究开始于20世纪70年代，美国生物海洋学家Sherman和海洋地理学家Alexander博士于1984年正式提出大海洋生态系（Large Marine Ecosystems，LME）的概念，主要强调从大生态系统的角度保护海洋生物资源。LME是指从河流盆地的沿岸区域和海湾到陆架边缘或到近海环流系统边缘的相对较大的海洋空间，具有独特的地形、水文、生产力和营养依赖的种群等特征。从理论上讲，LME要符合三个基本条件：① 具有大陆架浅海水域的大渔场；② 要有上升海流把大量营养盐带入海水上层，初级生产力高；③ 四周有半封闭的大陆或岛屿。大海洋生态系内各种物理、生物和化学单元既自成体系又相互作用，营养盐通过食物链正常传递，组成自我发展循环的生态系统。

大海洋生态系概念出现后，全球的科学家从生态系统学和管理的角度对近海生态系统开展了大量研究。大海洋生态系的观点使海洋综合管理（主要是资源和环境管理）从行政区划管理走向生态系统管理。现在大海洋生态系的概念有所扩展，Sherman博士等人提出5个指数评价海洋生态系统的健康：生物多样性、稳定性、产量、生产力和弹性。大海洋生态系可持续性的评估内容包括5个模块，分别是：① 生产力模块，主要包括光合过程、浮游动物生物多样性和海洋生态系统变化。② 渔业模块，主要包括生物多样性、贝类、底层鱼类和上层鱼类。③ 污染和生态系统健康模块，主要包括富营养化、生物毒素、病理、疾病和健康指数。④ 社会经济模块，包括人类压力、持续的长期社会经济效益和综合评价。⑤ 管理模块，包括适应性的管理和利益相关人的参与。①

1.4.2 海洋生态系统的功能和价值②

1.4.2.1 海洋生态系统的功能

海洋生态系统的自然特性决定了海洋具有的特殊功能，而海洋生态系统功能正是其价值存在的客观基础。海洋生态系统功能主要体现在如下几个方面。

1）海洋对地球生态系统的支持功能

在全球气候系统的5个基本的单元（即大气、海洋、冰雪圈、生物圈和地圈）中，海洋占据极其重要的地位，所以，海洋是全球气候的重要调节器。海洋在气候系统中的作用，首先是太阳到达地表的辐射热，有一半以上被海洋所吸收，来自太阳的热量大部分被贮存于海洋中，这些热量是气候系统运动动力的主要来源。其次是海洋吸收的辐射热通过对温度、水和空气成分的调节，为人类创造了一个良好的大气环境，从这个意义上讲，正是海洋的作用，才使人类具有了一个适合居住的生存环境。为人类和地球生态系统提供生存环境，这是海洋生态系统最重要的支持功能。另外，海洋生态系统的支持功能还表现在服务功能方面，海洋既能为人类提供旅游、娱乐等多种舒适性的服务功能，也能够通过海洋生态系统自身的生产能力，保证海洋生物的生存繁衍，从而有可能为人类提供可再生资源以维持人类的生存和发展。

---

① 陈尚，朱明远，马艳．世界大海洋生态系研究及其国际计划 [J]．黄渤海海洋，1999，17（4）：103-104.

② 高艳．海洋综合管理的经济学基础研究 [M]．北京：海洋出版社，2008：36-40.

2）物质能量来源功能

海洋是地球上生命的发源地，同时也因其所拥有的丰富的物质资源，成为地球生物多样性最丰富的地区。海洋所具有的物质能量来源功能主要是指海洋能够为人类提供具有再生产能力的各种海洋生物资源及其他不可再生的各种资源。海洋拥有丰富的生物资源，地球上约80%的生物资源来自于海洋，是蛋白质最大的供应基地。海洋每年给人类提供食物的能力相当于全球陆地全部耕地的1000倍，如果不破坏生态平衡，海洋每年可以提供300亿吨水产品，至少可以养活30亿人口。海洋中蕴藏着巨大的矿物资源，据科学家考证，在陆地上已发现的矿产，海洋里几乎都有，有些陆地上没有的矿产海洋中也有。人类从海洋中采挖或提取的海洋物品，为多种产业提供了丰富的生产要素及不同形式的服务，是海洋产业发展的重要物质支撑。这些资源一方面作为生产活动要素成为经济发展的物质基础，另一方面又通过生产活动变为商品提供给消费者。海洋中有着取之不尽的海洋化学和海洋能资源，包括海水中所含有的大量化学物质和淡水以及丰富的动力、水力和热能资源。海洋在提供物质来源的同时，也提供大量的能量，如潮汐能、温差能等。通过能量的处置与交换，海洋为人类调节着大气环境，并且使海洋物质资源处于自然流动的过程中。

3）纳污自净功能

“海洋处于地球的最低处，陆地上的各种物质，包括各种污染物质，最终都归属于海洋。由于海洋对进入其中的物质具有巨大的稀释、扩散、氧化、还原、生物降解能力（即海洋的净化能力），可以容纳一定量的污染物而不造成海洋环境的损害和破坏，因此海洋是全球环境最大的净化器。”[①] 很难想象，如果没有海洋的净化作用，全球

① 国家海洋局．海洋环境保护与监测［M］．北京：海洋出版社，1998：9-10.

环境将是什么状态。海洋作为人类生产和生活的主要纳污地，已吸收和消化了大量的生产和生活废弃物及污水。正是海洋环境的处理功能为海洋生物提供了一个相对稳定的、清洁的生存环境，使海洋生物链得以维持，从而能够连续不断地为人类提供物质财富，为经济发展提供物质基础。但是海洋的纳污自净功能是有限的，人类如果任意地、无节制地向海洋倾倒废水、废物，超出了海洋的自我承载能力，海洋就会遭到污染和损害，海洋的自净功能也将难以发挥。

4）信息功能

海洋是生命的起源地和摇篮。漫长的发展历程使海洋中沉淀了大量的信息资源，海床中蕴藏的远古化石、海洋生态链中的各种低级生物均记载着人类和生物进化的许多信息，这些信息或固化在海洋沉积物内，或在海洋物质循环中流动着。海洋中内含的各种信息显示了海洋变迁的历史和海洋世界的丰富性、特殊性，不但具有较高的科研价值，而且还具有重要的历史意义和现实意义。随着时间的推移，人类获取海洋信息的能力也将不断增强，海洋中更多的信息将被发现、被破解。而海洋信息的获得过程，正是海洋价值体现的过程，也是人类对海洋价值认识深化的过程。海洋信息的获取，为人类更好地认识海洋自然规律，利用海洋，实现人与海洋的协调发展提供了基础性资料。

1.4.2.2 海洋生态系统的价值与实现

对海洋生态系统特征和功能的把握，是认识和实现海洋生态系统价值的必要条件。

1）海洋生态系统的价值

海洋生态系统价值就是指海洋作为人类生命维持系统、生态系统所具有的价值，主要表现为人与海洋自然环境关系中海洋环境属性对人类生存和发展的意义。海洋生态系统价值在以物质性产品的形式满足人类生存、发展和享受的同时，又以非物质性产品的形式为人类提供舒适性服务，满足人类更高级的享受，而且海洋生态系统的这种非物质性产品的间接价值，已经超越了海洋物质资源直接利用的直接价值。

海洋生态系统的价值主要体现在：提供人类生存的环境、调节控制物种种群结构、以其自净功能降低污染、以其自控能力和自我平衡机制在一定程度上减轻海洋灾害等。结构复杂、功能多样的海洋生态系统不仅为各类海洋生物提供了最适宜的栖息环境，而且也为人类提供了适宜的生存环境。各种海洋生态系统不同的物理、化学和生物环境变化造就了不同的生态系统特征和系统生产力。其中，海岸带生态系统是最具生物生产力的区域。沿海湿地生态系统，如河口湾、盐沼和红树林沼泽等能比任何其他陆地生态系统产生更多的野生动物和更高的初级生产力。海洋生态系统能够为人类和其他物种提供各种生态产品和服务，海洋慷慨地带给人类的不仅有渔业、矿产和其他海洋资源，也带来多种多样的生态服务价值，如调节气候、营养循环等。此外，海洋生态系统的服务价值，包括气候调节、灾害预防、碳循环等服务价值可以远高于其现有的资源和空间开发价值。

海洋生态系统的价值，还在于海洋以其特有的功能影响着人们的经济、政治和文化生活，为经济、社会的发展创立了广阔的空间和发展平台。就海洋生态系统价值的资源性而言，海洋生态系统的价值如果不能得到合理的利用，那将是一种资源的浪费。因此，向海洋要资源，向海洋要效益，开发利用海洋，反映了人类利用自然、改造自然的一种能力。海洋之所以有价值，在于其能够满足人类生存、享受和发展的需要，推动人类社会进步。但是，任何一种巨大的力量，如果不受约束，就可能被滥用而导致严重的后果。海洋开发利用也是如此，如果开发的方式不当，就会造成海洋环境的污染和生态破坏，其结果将使本应有益于人类的海洋变得有害于人类。因此，要使海洋生态系统的价值得到充分体现，必须考虑海洋利用的“度”。人们从事海洋实践活动所要考虑的“度”，主要是指海洋环境容量。海洋环境容量是海洋环境的一种属性，是指在不影响海洋调节功能正常发挥的前提下，海洋在单位时间内可以接纳的污染物的数量。也就是说，在海洋环境不被破坏时，能够容纳的最大限度的压力，实际上是指在海洋环境自净能力下的最大污染承载量。海洋所提供的物质资源、服务系统和净化功能都是有一定限度的，在一定限度内，对海洋价值的挖掘、利用不会损害海洋的支付能力。海洋自身能通过稀释、降解、沉淀、吸附、生化反应等多种方式对污染物进行分解，维系着自身的生态平衡，但超过一定限度，将可能导致海洋生态系统功能的丧失和海洋环境质量的恶化，原有的海洋生态系统的价值有可能随之丧失，海洋对经济、社会发展的支持功能也将不复存在。因此，任何一种海洋开发利用活动都应该“适度”。

2）海洋生态系统价值的实现

海洋生态系统价值的实现是人与物结合的一个过程，要使这一过程顺利合理地实现，必须借助有效的管理。

人类通过与海洋的交互作用实现对海洋生态系统价值的认识与利用，但海洋生态系统价值的实现过程，并不都是如人们所料想的那样，而是经常出现事与愿违的情况，即海洋生态系统的价值没有充分体现出来。通常我们说海洋生态系统的价值没有体现出来，主要指以下几种情况。其一，海洋生态系统的价值没有充分发挥出来，海洋开发利用程度严重不足，海洋资源没有得到有效利用，造成事实上的资源浪费。其二，海洋生态系统的价值是负的，海洋对人类产生了负面影响。由于人类开发利用海洋的方式不当，或对海洋资源的过度掠夺，会导致海洋本应对人类具有的积极作用体现不出来，反而对人类产生危害作用。因此，现实的海洋开发利用过程中，最核心的问题不仅仅是实现海洋生态系统的价值，让海洋对人类有用，而是使海洋生态系统的价值达到最合理、最有效地利用，只有这样，才能实现海洋的可持续发展。要实现海洋生态系统的价值的合理、有效利用，必须依靠对海洋的有效管理。强化对海洋的管理，是人类对海洋认识的升华。

人类的管理实践活动和人类的历史一样久长，有了人类的活动，也就有了管理的实践。因为人类活动的显著特点是计划性和目的性，为了实现预期的目的，人们可以组织起来。为了应付自然界的各种威胁和自身生存的挑战，人类必须相互依存。由相互依存的人们所组成的共同体要保持行动的一致和目标的实现，就必须进行有效的合作，管理的任务就是使这种合作努力得以顺利进行。一个国家的发达与否取决于管理的效率。尽管有效的管理无法直接创造自然资源，但可以有效地利用自然资源。有效的管理可以拿一份资源做两份甚至更多事情，而无效的管理可能要用两份资源做一件事情，甚至没做出有益的事情。同样，海洋管理是一种基础国力，也是海洋生产力。海洋价值的实现过程就是人与物的有机结合过程，人与海洋没有结合意味着海洋价值没有得到体现，人与海洋结合不密切或结合的方式不对，则可能导致海洋价值的片面或畸形实现。而海洋管理正是实现人与海洋有机结合的一种方式，其目的便是通过协调海洋活动中人与人、人与物的关系，实现海洋资源的合理化运用，最终达到海洋的可持续利用和海洋生态系统的平衡。

海洋生态系统有价值这一现实的存在，使海洋管理的产生具备了必要性，人类对海洋生态系统价值的认识程度，在一定程度上决定了海洋管理的表现方式，而海洋生态系统的价值能否得到充分发掘和有效实现，在很大程度上又取决于海洋管理是否科学。因此，海洋管理从产生到变革都与海洋生态系统的价值有着密切联系，由海洋生态系统的价值过渡到海洋管理有着内在的必然性。在现代人们的价值观中，海洋不仅仅是人类索取的对象，而且是需要人类加以关心、保护的对象，海洋生态观念要求人类在进行海洋开发的同时，保持应有的谨慎和节制态度，科学评估海洋所具有的生态价值，合理地开发利用海洋。

1.4.3 生态系统管理与海洋综合管理的理念融合[①]

1.4.3.1 生态系统管理与海洋综合管理的内在联系

在海洋管理中，海洋综合管理与生态系统管理的最终目标都是维护生态系统的作用，以及实现海洋环境和海洋资源的可持续利用。除此之外，二者在对综合（integration）管理的理解上是一致的，即都强调管理的协调性与系统性。然而，二者在管理的侧重点和与此紧密关联的边界界定上却有着显著的不同。海洋综合管理的指导原则来自于可持续发展理念的中心要义，即环境、经济与社会的平衡发展，因此其侧重点在于追求某一特定地域资源与环境的可持续性利用。基于此，其所针对的生态系统往往囿于特定行政管理边界的地域范围。而生态系统管理的出发点是某种生态系统的保全或保育，其侧重点在于强调生态系统的健康，认为生态系统健康与否决定人类发展所需要的资源和生态服务能否被满足。基于此，生态系统管理中对生态系统范围的界定就不能囿于因管理所需而确定的海域范围（如为了确定某种生态系统的参数，以通过控制特定的生态系统参数来管理人类活动就必须有明确的地域范围），而必

① 秦艳英，薛雄志．基于生态系统管理理念在地方海岸带综合管理中的融合与体现［J］．海洋开发与管理，2009，26（4）：21-26.

须考虑某一特定生态系统的结构、功能、作用及影响等生态系统过程的完整性，因此其生态系统范围的边界往往延伸至大洋和内陆。

1.4.3.2 生态系统管理在海洋管理实践中的应用

随着环境意识和对问题本质认识的提高，生态系统的结构和功能越来越得到管理者的重视，生态系统管理理念也不断地被各国各地区融合到海洋管理当中，其中，生态系统管理在大海洋生态系中的应用取得了较大的成功。渔业资源的不断衰退，使科学家和管理者们最终意识到：只有保持大海洋生态系（Large Marine Ecosystems，LME）的结构和功能，才能扭转这种趋势。因此，各国和地区必须以生态系统的自然边界而不是行政边界为基准，共同合作制定保护和发展渔业资源的措施。科学家们指出，生态系统管理是挽救渔业资源的唯一途径。实际上这种以生态系统管理理念为基础的 LME 的管理目标不仅包括大海洋生态系产品（鱼、虾和贝等）的可持续生产，还要使大海洋生态系的服务功能得以持续发挥（氧气生产和碳固定等）。

除了在跨国家行政区域尺度上的应用，生态系统管理理念也逐渐融合到国家和地区范围内的海洋管理中。2001 年 4 月，英国成立了海岸带信息小组（CIT）来协助实施生态系统管理，他们承担的项目之一就是编写生态系统管理规划手册，这本书为在海洋管理中实施生态系统管理理念提供了一个很好的开端。同时，生态系统管理理念也越来越多地被管理者们融合到政策制定中去，例如，美国的海洋委员会报告、欧盟海洋政策以及加拿大海洋条例等均融合了生态系统管理理念。

在我国实施海洋综合管理的过程中，EBM 理念也逐渐融合到了管理实践中。

20 世纪 90 年代，全球环境基金（GEF）、联合国开发计划署

(UNDP)以及国际海事组织(IMO)与国家海洋局合作，将厦门作为东亚海域海洋污染预防与管理的示范区。厦门市政府抓住这个契机，努力在厦门海域实施海岸带综合管理(ICM)。经过多年的探索与实践，厦门 ICM 取得了显著效果，得到了国际社会的高度赞扬。厦门海岸带综合管理始于 1994 年，从主要管理目标上看已经历了两个阶段：第一阶段的主要内容是污染的治理和预防，取得了显著成效；第二阶段则以厦门西海域综合整治的开展为标志，生态系统管理理念在对生态系统和环境的修复中得到了应用，通过自然保护区规划与管理，海域综合整治与开发，湿地重构与生态公园建设，以及物种修复等，以实现生态系统和资源利用的可持续性，目前已取得了阶段性成果。

1.4.4 基于海洋生态系统的海洋综合管理理念

1.4.4.1 海洋经济价值、社会价值和生态价值及其关系

人类走近海洋、探索海洋、开发利用海洋、保护海洋环境，这一切涉海活动都是源于海洋蕴含着巨大的价值。因此，对海洋价值的评价和认识直接影响到海洋开发和海洋管理活动。所以，正确认识海洋价值、有效利用海洋价值，是合理开发利用海洋、科学管理海洋的基本前提。

从表现形式上，海洋价值可以分为有形和无形两大类，其中有形价值是指人们普遍了解并认同的商品价值，即海洋经济价值；无形价值是指服务价值，也就是海洋生态价值和海洋社会价值。

1）海洋经济价值

海洋经济价值是指由海洋唯一确定的或影响的，无论任何人都需支付(在机会成本的意义上)物品或服务成本的部分。海洋经济价值的定义实质上是相对于资源稀缺性来说的，即资源的价值是由

现存的资源产生的。海洋经济是对海洋及其空间范围内的一切海洋资源进行开发的经济活动或过程，在经济发展中具有举足轻重的作用。2003 年，我国海洋产业总产值首次突破 1 万亿元，增加值达 4455.54 亿元，比上年增长 9.4%，占国内生产总值的 3.8%；2013 年达 54313 亿元，占同期国内生产总值的 9.5%。

2）海洋生态价值

海洋生态系统是全球生态系统中的一个主要的子系统。海洋生态系统在以物质性产品的形式满足人类生存、发展和享受的需要的同时，又以非物质性产品的形式为人类提供舒适性服务。

海洋生态系统不仅为人类提供产品，同时还提供服务，而且后者的价值往往高于前者。关于海洋生态系统价值在前面已详细论述，这里重点强调海洋生态系统的服务价值。如果忽视海洋生态服务价值或者将其定价过低，那就会刺激海洋资源的过度开发，破坏生态平衡，引发海洋灾害。Robert Costanza 等人 1997 年在 *Nature* 杂志上撰文，公布了他们对全球海洋在一年内对人类的生态系统服务价值（包括气体调节、干扰调节、营养盐循环、废物处理、生物控制、生境、食物产量、原材料等）的评估结果。计算结果是全球海洋生态系统服务价值为每年 461220 亿美元，每平方千米的海洋平均每年给人类提供的生态服务价值约为 57700 美元。

3）海洋社会价值

海洋社会价值是指海洋为人类社会提供的除经济价值和生态价值之外的其他一切价值，主要是海洋向社会提供的就业机会、海洋游憩和海洋的科学、文化、历史价值。例如，在海洋经济发展的带动下，2014 年末我国涉海就业人员总量达到了 3554 万人，在很大程度上缓解了我国的就业压力。

4）三者之间的关系

任何一种海洋开发、利用活动都是对海洋自然资源的索取，都会在一定程度上或一定范围内对海洋生态环境产生影响。这种索取和影响超过环境的承受能力就会导致生态平衡失调和破坏，导致经济效益和社会效益降低。因此，海洋生态价值是基础性、母体性价值。海洋社会价值和海洋经济价值，都是生态价值产生的派出性、子体性价值，海洋生态价值是根本，社会价值是枝叶，经济效益是果实。只有巩固海洋生态价值，社会价值和经济价值才能可持续协调发展。然而，过去很长一段时间，我国的海洋管理工作一直存在着重经济、轻生态的现象，具体表现为重开发、轻保护，重产出、轻投入，重眼前、轻长远，最终导致了各种严重的海洋环境问题，影响海洋经济的可持续发展。只有正确认识海洋生态价值，站在海洋生态系统的战略高度，海洋管理工作的视野才能更加开阔，行动才能更加自觉，措施才能更加有力，成效才能更加明显。①

1.4.4.2　基于海洋生态系统的海洋综合管理的含义

基于海洋生态系统的海洋综合管理是综合性的对海洋资源、环境的管理方法，强调通过管理包括人类在内的生态系统，实现生态系统健康和稳定，以保证其持续提供人类所需的服务。该理论已得到国际海洋学术界和海洋管理部门的广泛关注和认可。美国生物海洋学家 Sherman 等提出的大海洋生态系的概念，强调应从生态系统的角度保护海洋生物资源；2002 年，世界高峰会议呼吁开展以生态系统为基础的海岸带综合管理；2003 年，IUCN 第五届世界公园大会呼吁在海洋保护区建设中采取以生态系统为基础的管理途径。①

① 王淼，毕建国，段志霞．基于生态系统的海洋管理模式初探［J］．海洋环境科学，2008，27（4）：378-382.

基于海洋生态系统的海洋综合管理，是指在明确且可持续发展目标驱动下，由政策、协议和实践活动保证实施，并在对维持海洋生态系统组成、结构和功能必要的生态相互作用和生态过程最佳认识的基础上，规范人类开发利用海洋行为和保护海洋环境行为的活动。目前美国等发达国家正走向以生态系统为基础的区域海洋管理时期。2003 年，《全国海洋经济发展规划纲要》明确提出，海洋经济发展规模和速度要与资源和环境承载能力相适应，走产业现代化与生态环境相协调的可持续发展之路。因此，建立基于海洋生态系统的海洋综合管理模式，调控海洋经济和沿海地区可持续发展，符合国际发展趋势，已成为我国当前的迫切需要。

1.4.4.3 基于海洋生态系统的海洋综合管理模式①

1）正确引导公众的海洋价值观

人类传统的海洋价值观是片面的。它是基于如下一些观念：人是海洋的主人，人有支配甚至统治海洋的权力；海洋作为自然界的一部分，也和自然界一样是没有价值的，任何人都可以无偿地自由使用；海洋作为资源是无限的，可以取之不尽，用之不竭；海洋消纳废物的能力也是无限的，可以把一切不需要的东西扔进海洋。正是这样的观念，造成了人类对海洋生态系统的严重破坏。

人与海洋的矛盾日益突出的根源在于人们对海洋价值的认识不正确、不全面。必须让公众认识到并形成正确的海洋价值观，使其认识到海洋是一个严密的生态系统，不仅为人类提供产品，同时也提供服务，海洋不仅具有经济价值，同时还有巨大的社会价值和生态价值；任何对海洋资源的无价或低价使用，都会导致海洋资源

① 王淼，毕建国，段志霞．基于生态系统的海洋管理模式初探［J］．海洋环境科学，2008，27（4）：378-382.

的过度消耗和海洋生态系统功能的严重破坏，造成近海渔业资源衰退、生物多样性锐减、海洋灾害频发等环境问题。

2）多部门协作管理

在传统的海洋管理中，行业和部门管理占有重要地位并发挥着关键性作用；每个部门都有自己的要求、权力和报告的机构，通常在部门内负责提交和发展。由于各个部门之间相互不了解作用机制，缺乏协调的正常渠道，或者存在竞争，最终导致各个部门都倾向于做出对自己有利的决定，而忽视整个海洋生态系统的正常运行。

基于海洋生态系统的海洋综合管理是一个整体过程。它要求许多不同学科、部门和利益相关者参加，而且不同利益相关者之间必须有效协作。各利益相关者必须认清海洋生态系统不同成分之间的相互联系。促进协作的最好方法之一是建立将各部门利益结合起来的网络和合伙关系：共享有关方法、行动和结果的信息；共享根据其他组织的经验得出的项目行动计划；协调、综合信息收集活动；避免重复，取得活动的协作；分散管理的工作量和职责。

3）综合协调海洋经济发展与生态保护行动

人类、海洋资源、海洋环境之间是一种相互关联、相互作用、相互制约、相互稳定的关系。当人类与海洋资源及海洋环境处于协调、和谐的状态时，海洋生态系统就会为人类提供原料和服务。否则，如果人类为了满足自己的经济利益，而向海洋进行贪得无厌、野蛮式的掠夺索取时，或毫无顾忌地危害生态环境时，就会使海洋生态环境失去平衡，由良性循环变成恶性循环，最终威胁到人类的生存。

基于海洋生态系统的海洋综合管理，要把保护海洋环境和海洋生态平衡作为海洋开发的首要原则，根据生态环境经济原理，既要开发海洋产业经济，又要保护海洋生态环境，保持生态平衡，使海洋资源开发与海洋生态环境同步规划，同步实施，同步发展，达到经济效益、社会效益和环境效益的统一。

4）建立海洋保护区和生态监控区

海洋保护区是实施生态系统管理的有效工具，不仅能够完整地保存海洋资源和自然环境的本来面貌，还能保护、恢复、发展、引入、繁殖物种群落，保存生物物种的多样性，消除和减少人为的不利影响。截止到 2011 年 5 月，全国各级海洋自然保护区已达 211 个，国家级海洋特别保护区 21 个，国家级海洋公园 7 处（不含港、澳、台）。[①]据 2014 年 4 月 22 日国家海洋局公布，我国已有国家级海洋特别保护区 56 处（其中包括国家级海洋公园 30 处），总面积 6.9 万平方米。自 2004 年开始，我国在近岸海域部分生态脆弱区和敏感区建立了 15 个生态监控区，2006 年增加到 18 个，监控区总面积达 5.2 万平方千米。在监控区内开展对海洋生物、特殊生态系统、入海污染物、海洋灾害等全方位的监测，并调查生态监控区周边的人类活动和社会经济发展状况。但是，目前我国仅在科学监测方面做了一些工作，在海洋生态系统综合分析和海洋综合管理方面还有许多工作要做，必须在海洋生态监控区各项监测资料的基础上，综合分析各海洋生态监控区海洋生态系统的变化情况，从海洋综合管理的角度，加强海洋生态监控区的管理，真正达到建立海洋生态监控区的目的。

5）建立健全海洋生态法体系

真正实现海洋生态法律保护，必须遵循海洋生态规律，从海洋生态系统自身的特性出发来构建保护海洋生态系统的海洋生态法体系，创设相关法律制度，并将这些法律制度真正落到实处。

海洋生态系统是一个巨型复杂的大系统，其内部又可按组成成分划分为若干子系统，每个子系统也由若干组成成分构成，又可继

① 曾江宁．中国海洋保护区［M］．北京：海洋出版社，2013.

续划分为子系统。法律主要规范人类开发、利用、保护海洋生态系统的行为，遵循海洋生态规律来构建海洋生态法体系时需要正视海洋生态系统的层次性特性，考虑子系统之间的相互关系。对应于海洋生态系统的层次性，需要构建三个层次的海洋生态法体系：第一层次是针对海洋生态系统的海洋生态法，是整体性、综合性的法律；第二层次由四类法律部门组成，包括针对海洋生物子系统的法律保护、针对海洋生命支持子系统的法律保护、针对所有生物成分的法律保护和针对一些特殊的海洋生态系统的法律保护；第三层次是有选择地针对海洋生态系统的第二层次子系统及其以下子系统的各种具体生物成分和非生物成分进行立法保护。

6）建立海洋生态补偿机制

对海洋生态的修复与保护，还必须有合理有效的经济激励机制与海洋生态补偿机制。

近年来，我国在海洋生态补偿方面做了大量的工作。例如，20世纪80年代，我国采取了人工增殖渔业资源措施，先后在渤海、黄海实施中国对虾的生产性增殖放流；21世纪初，国家拨出专项资金对渔民予以补助，支持海洋渔业减船转产工程；同时，我国沿海各省还纷纷投资建设人工鱼礁对渔业生境进行补偿等。随着《海域使用管理法》和《关于加强海域使用金征收管理的通知》的相继出台，我国海洋生态补偿在法律和资金上得到了很大程度的保障。今后，相关部门应依法收缴海域使用金、生态修复补偿金，不断完善海洋资源有偿使用与资源和生态补偿制度，按照谁开发、谁保护，谁受益、谁补偿的原则，加快建立生态补偿机制，以调整相关利益者因开发海洋资源、保护或破坏海洋生态环境活动产生的利益及其经济利益分配关系，内化相关活动产生的外部成本，保护区域海洋生态环境和维护、改善或恢复海洋生态系统服务功能，促进海洋经济可持续发展。

1.4.5 基于海洋生态系统的海洋综合管理的原则

1995年美国生态学会生态系统管理特别委员会对EBM的概念进行了比较全面和系统的阐述：EBM是根据相关政策、协议以及已有的实践活动进行的具有明确目标驱动的管理活动，并在充分了解生态系统间必要的相互作用及过程的基础上，通过监测和研究手段来进行可适性管理以维护生态系统的结构和功能。人们在理论研究和实践的过程中逐渐形成了EBM的一些原则或者指导方针，虽然这些原则或者指导方针的具体说法各有不同，但是就其实质而言却有共通的地方。2008年4月在越南举行的关于海洋、海岸带和岛屿的全球会议上，Steven Murawski等人对EBM的内涵及原则进行了归纳总结，主要包括以下9个方面。

（1）EBM是对特定地形的生态系统单元的管理，生态系统单元的划分必须与管理的时间和空间尺度相适应。

（2）EBM要考虑生态系统本身的特点及其不确定性，在预见能力有限的地区要应用预警原则。

（3）EBM认识到生态系统是在变化和发展的，这是生态系统本身所固有的特点。

（4）EBM的主要目标之一是保护生态系统的结构及其功能。

（5）EBM的实施，要采用自上而下的分散式管理。

（6）EBM鼓励所有相关公众的参与以及各种学科的广泛合作。

（7）EBM要尽力平衡由资源的决策和分配利用带来的各种社会利益之争。

（8）EBM要认识到生态系统的时间变化性及管理效果的滞后效应，从而制定长期管理目标。

（9）EBM应该得到更广泛的实施，并在实施过程中调整其可适性。①

王淼（2008）认为，基于海洋生态系统的海洋综合管理不同于传统的海洋管理，前者融入了可持续发展观念和生态系统管理方法，更注重生物多样性和海洋环境保护。在基于海洋生态系统的海洋综合管理工作中应遵循以下原则。

（1）保持海洋生态系统的功能完整性。海洋综合管理的一个重要前提应是保持生态系统的功能完整性，同时允许使用系统提供的产品和服务。

（2）保持生物多样性。海洋生态系统中拥有大量物种，且都占有非常重要的地位。生物多样性的减少，会使海洋生态系统丧失其物种成分和联系它们的作用，导致生态系统提供产品和服务的功能部分或全部丧失，人们的生活和生产将会受到很大影响。

（3）认识海洋生态系统变化的必然性。海洋生态系统是在不断变化的，这样的变化是不可避免的。海洋综合管理者必须认识到这一点并据此进行规划。

（4）将人类作为海洋生态系统的一部分。人类和海洋生态系统有密切关系，一方面人类的生存和生活需要海洋生态系统提供的产品和服务；另一方面人类社会又以其能力开发海洋生态系统。因此，海洋综合管理的实施，必须依靠全人类的共同努力才能成功。②

---

① 秦艳英，薛雄志．基于生态系统管理理念在地方海岸带综合管理中的融合与体现［J］．海洋开发与管理，2009，26（4）：21-26.

② 王淼，毕建国，段志霞．基于生态系统的海洋管理模式初探［J］．海洋环境科学，2008，27（4）：378-382.

2

海洋生态系统管理与海洋综合管理实施

2.1 海洋生态系统管理实施

2.1.1 生态系统管理的主要技术①

目前，生态系统管理途径正处于探索阶段，人们试图从以下几个方面实现生态系统管理。

1）生态系统管理中的空间技术

空间技术以空间探测为先导，以地面观测为重点，是气球、火箭、卫星及实验室等诸多手段组成的科研体系。尤其是以3S技术（RS、GIS、GPS）及其相关技术为主的空间技术，可以给生态系统管理所需的大量生态学数据提供简便的途径。随着空间技术的发展与完善，利用3S技术所进行的生态学研究与应用已深入到生态系统管理的实践中。

① 杨京平，等．生态系统管理与技术［M］．北京：化学工业出版社，2004：46.

2）清洁生产

清洁生产又叫“无公害工艺”“无污染生产”“废料减量化”等。简单地说就是无废物、少污染的生产。其目标是通过资源的综合利用、替代作用、多次利用以及节能、省料、节水等方式，实现合理利用资源、减缓资源耗竭。主要途径有：用无污染、少污染的产品替代毒性大、污染重的产品；使用无污染、少污染的能源和原材料；选择消耗少、效率高、无污染、少污染的工艺设备；最大限度地利用能源和原材料，实现物料最大限度的场内循环；对少量的、必须排放的污染物采用低费用、高效率的净化设备和三废综合利用措施进行最终的处理、处置。①

3）废物资源化管理与5R原则

目前，人们正试图对废物进行综合管理，改变仅仅靠填埋或焚烧处理废物的状况，提出了减少废物的5R方法：抵制（reject）：不购买难以回收或造成浪费的产品；减少（reduce）：改变产品生产和人们购物的方式，减少过度消费和浪费，如只购买需要的商品，不购买过度包装的商品；修复（repair）：修复损伤的物品而不更换新的物品，如修好损坏的物品再用，而不是随意丢弃；回收（recycle）：将废旧物品回收再利用，如回收废纸比用木材造纸可减少70%的能源和50%的水；响应（react）：让生产者和消费者了解造成浪费的情况和不负责任的废物管理，共同改变行为，实行源头消减，减少废物的生产。②

4）生态工业园区（EIP）

工业园区是一种工业化国家促进、规划和管理工业发展的手

① 杨荣金，傅伯杰，刘国华，等．生态系统可持续管理的原理和方法［J］．生态学杂志，2004，23（3）：103-108.

② 陈贺丽．日本垃圾分类及环境教育对中原生态文明建设的启示［J］．开封教育学院学报，2015，35（3）：283-284.

段，在促进工业快速发展的同时，不对环境产生严重的破坏。生态工业园区的诞生为工业园区的发展指明了方向。在清洁生产、绿色消费、废物循环利用等思想的指引下，形成了一种新的工业园区——生态工业园区。生态工业园区是在生态学、生态经济学、工业生态学和系统工程理论指导下，将在一定地理区域内的多种具有不同生产目的的产业，依据物质循环、生物和产业共生原理组织起来，构成一个从摇篮到坟墓利用资源的具有完整生命周期的产业链和产业网，最大限度地降低对生态环境的负面影响，以形成多产业综合发展的产业集团。[①]生态工业园区在运行过程中，有计划地进行物质和能量交换，高效分享资源，寻求资源和能源消耗最小化、废物产生最小化，努力建设可持续发展的经济、生态和社会关系。目前，主要有三种类型的生态工业园区：现有改造型 EIP，如丹麦的 Kalundborg EIP、美国的 Fairfield EIP；全新计划型 EIP，如美国的 Choctaw EIP，Cape Charles EIP 属于全球创新型；虚拟型 EIP，如美国和墨西哥交界处的 Brownsivlle EIP。我国也进行了有益的尝试，如广西糖业基地之一的贵港市提出以贵糖（集团）股份有限公司为核心，建立贵港市国家生态工业（制糖）示范园区等，此外还有鲁北、石河子、包头、南海等地也建立了生态工业示范园区。

5）生态系统管理模拟技术

生态系统的计算机模拟，简单地说是利用模拟模型在计算机上展现生态系统的发展演化过程，当然这种模拟的生态系统是经过抽象和简化了的，反映的是我们所关注的某个侧面，而不是整个系统。在现代信息技术和计算机技术快速发展的推动下，生态系统模拟技

① 田刚，彭应登，王瑞贤．生态工业园区设计在开发区环境影响评价中的应用浅析 [J]．城市管理与科技，2003，5（3）：106-107.

术日趋成熟，并广泛地应用于生态系统管理中。[①]

6）生态系统中的环境管理技术

生态系统管理中的环境管理技术主要有：① 环境质量体系：ISO（国际标准化组织）为保护环境而专门制定了ISO14000系列，由五个要素组成，即环境方针、策划、实施和运行、检查和纠正措施、管理评审。它包括了环境管理体系、环境标志、生命周期评价（LCA）等国际环境领域内的许多焦点问题。② 景观生态保护及建设：通过分析景观特性以及为其判释、综合和评价，提出最优利用方案，其目的是使景观内部社会活动以及景观生态特征在时间和空间上协调化，达到对景观的优化利用。③ 生态环境建设规划及技术：通过信息技术、生物技术、现代集约化种养技术以及应用植被快速恢复重建技术、沟壑快速整治技术、机修梯田技术、人工草地建设技术等对生态环境进行长期规划与建设。

7）生态系统中的生物管理技术

生态系统管理中的生物管理技术主要有：应对外来物种引入、入侵等所采取的相关措施与策略；针对生物多样性的自然保护区的规划、建设与管理；为保护物种在自然环境下正常生存所采取的迁地（异地）保护措施。

8）环境管理信息系统

环境管理信息系统（Environmental Management Information System，EMIS）是以现代数据库技术为核心，将环境信息存储在电子计算机中，在计算机软、硬件支持下，实现对环境信息的输入、输出、修改、增加、删除、传输、检索和计算等各种数据库技术的基本操作，并结合统

---

① 杨京平，等．生态系统管理与技术［M］．北京：化学工业出版社，2004：117.

计数学、优化管理分析、制图输出、预测评价模型、规划决策模型等应用软件，构成一个复杂而有序的、具有完整功能的技术工程系统。它既是各种环境信息的数据库，又是环境管理政策和决策的实验室。环境管理信息系统的主要功能：一是全面和准确地查询和检索各种环境信息。该系统能够提供环境科研和管理所需的各种数据，并使信息具有同一格式。二是能够分析各种空间数据。利用数学模型进行数据加工，进行区域环境污染和质量评价、污染控制方案预测、经济发展对环境影响的预测以及区域环境质量控制规划等工作。三是决策自持。针对不同层次管理部门的不同要求，输出各种数据、图件和报告，为环境管理工作提供辅助决策，有效地利用系统本身功能，可降低系统成本，提高系统效率。①

9）生态系统管理的其他途径

用经济手段，如对各种自然资源的开发利用实行生态补偿收费机制和对环境污染实施征税政策等；制定涵盖生态资源与环境因素的国民经济核算体系；实行针对不同行业的污染物排放限定标准；加强资源价格的市场调节能力，完善价格体系，实现资源的高效配置。

2.1.2 海洋生态系统管理的方法②

基于生态系统管理的含义，海洋生态系统管理应是建立在现有的海洋生态系统及其海洋学知识基础上，对人类海洋活动的全面综合的管理。其目的是为了确定影响海洋生态系统健康的关键因素并对其采取行动，从而实现海洋生态系统产品和服务的可持续利

① 石祥雷．基于GIS的新沂经济开发区环境管理信息系统研究［D］．南京：南京理工大学博士论文，2011：3.

② 高艳．海洋综合管理的经济学基础研究［M］．北京：海洋出版社，2008.

用，以及维持海洋生态系统的完整性。

海洋生态系统管理是海洋自然资源管理中一种新的综合途径。其目的是维持海洋自然资源与社会经济系统之间的平衡，确保海洋生态服务和生物资源不会因为人类活动而不可逆转地逐渐被消耗，从而实现海洋生态系统所在区域的长期可持续性。海洋生态系统管理的核心内涵是以一种社会、经济、环境价值平衡的方式来管理海洋自然资源，包括生态学的相互关系、复杂的社会经济和政策结构、价值方面的知识。其本质是保持系统的健康和恢复力，使系统既能够调节短期的压力，也能够适应长期的变化。海洋生态系统管理的对象是一个弹性空间单元。根据管理目标、扰动类型或者系统内的限制性资源不同，生态系统管理单元可以在不同尺度上确定。

基于生态系统的管理方法不同于现有的管理方法。现有的方法通常集中在单一物种、单一方面、单项活动或关注点上；而基于生态系统的管理方法考虑不同方面的累积效应，特别是强调对生态系统结构、功能和主要生态过程的保护，关注特定的生态系统及对其产生影响的各种活动。基于生态系统的管理方法是一种基于科学的方法，关注生活在特定区域的所有生物之间以及与其所生存的物理环境之间的相互作用，并承诺理解生态系统过程以及生态系统如何对环境扰动做出反应。在管理过程中，要明确考虑系统内的相互联系，认识到很多目标物种或关键物种及其他非目标物种之间的交互作用，充分了解系统间的各种联系，并综合考虑生态、社会、经济和制度因素，明确其相互依赖性，并将生态、社会和经济目标结合起来，将人类视为生态系统的一个主要组成部分来进行管理，该方法关注生态完整性与人类生态耦合系统的可持续性。所以，海洋生态系统管理的方法就是将人类社会和经济的需要纳入海洋生态系统中，协调生态、社会和经济目标，将人类的活动和自然的保护综合起来，维持生态系统健康的结构和功能，在此基础上使社会和经济目标得以持续,既实现海洋生态系统的持续发展,又实现经济和社会的持续发展。从这个意义上说,海洋生态系统管理的对象包括人类社会和经济以及海洋紧密联系的三个组成部分,也是人类社会—经济—海洋复合生态系统。

基于以上认识,海洋生态系统管理的方法应包括以下几个步骤:① 调查确定系统的主要问题;② 引导公众的参与;③ 确认系统管理的目标和对象;④ 进行政策、法律和经济分析;⑤ 确定生态系统管理边界,尤其是确定等级系统结构,以核心层次为主,适当考虑相邻层次内容;⑥ 制订管理计划;⑦ 组织实施和调控;⑧ 及时反馈、评价管理方案;⑨ 制定矫正方案缺陷的措施,加强适应性管理,促进目标实现。

2.1.3 我国主要的海洋生态系统

海洋生态系统是全球生态系统的一个主要的子系统。与陆地生态系统比较,海洋生态系统的生态地位的分化无论是在食物的地位方面还是生活场所方面都要复杂得多。构成海洋生态系统的要素有自养生物(亦称生产者)、异养生物(包括异养的动物和菌类)、分解者、非生物的环境要素等。由于海洋各部分都有特定的自然地理条件和生物演化历史,因此形成了具有不同特点的次一级生态系统。这些次一级生态系统是由所依存的海洋环境所决定的。每个次一级生态系统占据一定的空间,由相互作用的生物部分和非生物部分,通过能量流和物质流形成具有一定结构与功能的统一体。

海洋水体是生物生存和发展的理想环境。海洋中的生物是丰富多样的,其现在记录的动物总计约 15 万种,植物约 1.5 万种。在海洋中,生物的分布受各种因素的影响,如光照、温度、盐度、压力、透明度及底质的理化性质等,从而形成各种不同的生态系统,所具有的生命力也各不相同。其中，最具生命力的生态系统有四个：红树林、珊瑚礁、上升流和滨海湿地。

2.1.3.1 红树林

红树林是生长在热带、亚热带海岸泥滩上的水生植物，如红树、海榄雌、海桑、红茄冬等。其适于生长在风平浪静、淤泥深厚的海滩、湿地或河口地区。红树林四季常绿，因树皮中含有一种名为“单宁”的化学物质而显红色，故称为“红树林”。

红树林与其他类型的树林相比，有许多独特之外。红树林因适应盐分高的海洋环境，叶片上有排盐孔，能把吸入体内的海水盐分有效排出，其功能类似于人皮肤上的汗毛孔。另外，红树林扎根于海底淤泥，通气不良，故大多发育有突出地面的呼吸根，形状万千。最为奇特的是红树林的繁殖为“胎生”方式，种子在母树上孕育，待成熟后，先在母树上萌发成芽，然后随同果实一起坠海，数小时内即可扎根成长为独立植株。红树林最引人注目的是有密集的支柱根，这些支柱根多在树干基部生出，逐渐下伸，插入土中形成纵横交错、抵抗风浪的弓形支架。

红树林是重要的海洋生物资源，经济价值极高。以红树林为中心的海洋生态系统具有强大的生命力，它通过食物链维持自身的生态平衡。红树林吸收海底土壤中的养料而生存，其树叶、树枝是鱼虾的食物，鸟类又以鱼虾为食物，淤泥中的微生物又将植物、动物遗体分解成无机物回归土壤中。海南岛的红树林系统内有鸟类 114 种（占全岛的 40% 以上）、昆虫 100 多种，水生动物 100 多种，平均每公顷每年可产鱼、虾、蟹等海产品 750 多千克，所以海南自古有“万亩红树养万人”的说法。红树林的树皮中含有的单宁，可做鞣料和染料；有些种属木质坚硬，耐腐蚀，是建筑、桥梁和船舶的优质用材。某些红树植物还有药用价值，能辅助性治疗淋巴结核、皮肤病、癌症等。

红树林还有很高的环保价值。红树林的根部深扎于海水中，可抵御海风，抵制海浪侵袭，保护农田和村镇，被誉为“天然的海防卫士”。同时，红树林根系发达，枝叶繁茂，还可大量吸收海洋中的污染物，净化海水。同时，红树林还有较高的生态学研究价值和旅游观赏价值。

由于红树林的生长环境特殊，故种类相对贫乏。全世界共有24科、30属、86种，大致可分为两类：东方型，指分布在亚洲、大洋洲、非洲东海岸的红树林，种类丰富；西方型，主要分布于北美洲、西印度群岛和非洲西海岸，种类贫乏。我国的红树林共有21科、25属、37种，主要分布在海南、广东和福建沿海，以海南岛最为丰富，面积占全国的70%以上。

2.1.3.2 珊瑚礁

珊瑚礁是在热带、亚热带浅海，由造礁珊瑚骨架和生物碎屑组成的具有抗浪性能的海底隆起。造礁生物的种类并非只有造礁珊瑚，其他许多海洋生物，如珊瑚藻、多孔螅、有孔虫和一些贝类等也参与造礁，故珊瑚礁又称生物礁。

按礁体形态及其与岸线的关系，珊瑚礁的主要类型有岸礁、堡礁、环礁和台礁。按礁体与海面的关系可分为溺礁和上升礁，前者指位于造礁珊瑚生长极限深度以下的珊瑚礁；后者则指高于现今海面的珊瑚礁，如海南岛沿岸和台湾枫港的隆起礁。

岸礁，是紧贴大陆或岛屿岸边生长发育的以礁坪形式出现的礁体，又称裙礁或边缘礁，火山岛沿岸和基岩海岸是其最理想的发育场所。岸礁的宽度与水下岸坡坡度有关，若岸坡陡，则较窄；若岸坡缓，则较宽。岸礁的厚度与海岸升降有关。现代岸礁大多较薄，如海南岛的岸礁一般厚1～3米，最厚不过20米，如果海岸持续缓慢下降，形成的岸礁较厚。在我国，岸礁主要分布在海南岛沿岸和台湾恒春半岛。

堡礁，与陆地以潟湖或带状浅海相隔，呈环状围绕火山岛，也有在大陆架上延伸的。现今规模最大的堡礁是分布在澳大利亚东北岸外的昆士兰大堡礁，从 9°15′S 至 24°30′S，绵延 2400 多千米。大堡礁由内、外两道堡礁组成。外堡礁是一道带状礁群，分布在 180 米水深的大陆架边缘；内堡礁由形态复杂的珊瑚礁组成，既有不规则的环礁，又有陆架形环礁。

环礁，指环绕潟湖的礁体，礁石的直径一般为 2000 ～ 3000 米，大者可达 100 千米。环礁有的环绕全封闭潟湖，如我国西沙群岛的羚羊礁环礁；有的因潮汐通道切有缺口，如西沙群岛北礁环礁仅有 1 个缺口，而永乐环礁则有 7 个缺口。

环礁分为两类：大洋环礁和陆架环礁。前者多分布在信风带，环绕在大洋火山锥上，大小不一，大者直径可达 30 千米，有珊瑚岛发育。小者直径不超过 1000 米。大洋环礁有 300 多个，如印度洋马尔代夫群岛的苏瓦迪环礁，面积在 1800 平方千米以上。陆架环礁建造在大陆架或海台上，基底为陆壳，有的为陆架沉积物。

台礁，指呈台状高出周围海底、中央没有潟湖的大型礁体，又称桌礁。其顶发育有灰砂岛，如中国西沙群岛的中建岛就是典型的台礁。

珊瑚礁广泛分布于热带和暖流所经部分的亚热带海域，是人类的宝贵资源。现代珊瑚礁区繁衍着数量惊人的各种热带观赏鱼类和经济鱼类，同时，还有数不清的贝类、藻类、龙虾、海参和海龟等，可为人类提供丰富的水产资源，同时，又为栖息于此的大量鸟类提供了充足的食物，而鸟类的粪便又是海水中浮海植物的肥料。因此，珊瑚礁区域是海洋中最具生命力的区域之一。除此之外，珊瑚礁还是旅游胜地，陆上有海滨喀斯特景观，水下有珊瑚百花园。

另外，珊瑚礁还有丰富的矿产资源。礁石可烧制石灰和水泥，是重要的建筑材料；珊瑚岛是鸟类磷矿的富集场所；化石礁中蕴藏着丰富的油气资源；珊瑚礁还是铝土矿的优良贮藏所；有些珊瑚骨架还有药用、观赏等价值。

2.1.3.2 上升流

海水运动具有连续性和不可压缩性，一个地方的海水流走了，相邻海区的海水会流来补充，这样就产生了补偿流。补偿流有水平和垂直之分，垂直补偿流又分为上升流和下降流。

上升流的现象在大陆的西海岸特别明显。在摩洛哥、非洲西南海岸、加利福尼亚海岸、秘鲁海岸等地，都有上升流。在这些海区，强劲的信风把表层海水吹离海岸，上升流则把较冷、高营养盐的下层海水带到海洋表层，从而使这些海区的气候和生物条件发生变化。这里浮游植物和浮游动物很多，冷水鱼类大量繁殖，在寒流（上升流）经过的荒芜岛屿上，栖息着成千上万的海鸟。全世界海洋沿岸上升流区域的总面积还不到海洋总面积的千分之一，却产出了世界总渔获量的一半，这充分说明上升流区域是世界上海洋生产力较高的区域。①

在中国管辖海域，上升流主要分布在渤海中部、黄海冷水团区、山东半岛近海、浙江近海、闽南近海、台湾西南近海、粤东沿海、海南东南部近海等。

2.1.3.3 滨海湿地

在海岸地带，地表水常难以下渗，排水能力又差，使地表水汇集停滞，为沼泽形成提供了良好的场所。此地带水浅且水位经常变动，

① 张润秋．海洋管理学理论初探及其应用［D］．青岛：中国海洋大学硕士论文，2003.

波浪作用较强，水温变化较大，水中溶氧充沛，光照充足，营养物质丰富，高等植物丛生，具有通气组织和泌盐组织，生物种类众多，生物生产为平均 3 ～ 10 克 /（平方米·天）。海岸沼泽多为泥炭沼泽，分布在沿海的淤泥质海岸上，也有的位于河流入海处。海岸沼泽有重要的环保价值，沼泽中的许多植物能吸纳海洋中的污染物，净化海水。再者，沼泽中植物茂盛，鱼虾众多，因而这里成为鸟类的天堂，鸟粪又促进了植物的生长繁殖。

在我国，海岸沼泽主要分布在长江入海口以北的淤泥质海岸地带，如苏北沿海的盐沼地和莱州湾、辽东湾沿岸的盐沼地。其在世界上的分布也是集中于淤泥质海岸上，如北大西洋北美洲滨海平原沼泽地。

红树林、珊瑚礁、上升流、滨海湿地这四种生命力最大的海洋生态系统都是人类宝贵的资源，我们应当珍惜、保护，并合理地开发利用。①

最具生命力的生态系统除红树林、珊瑚礁、上升流和滨海湿地外，我国还有黑潮流域（局部）生态系统和河口生态系统。

（1）黑潮流域（局部）生态系统。黑潮是中国海陆架区毗邻的最大流系，其热量和水量对中国陆架区浅海都有重大影响。据 1984 年至 1990 年进行黑潮调查及中日合作黑潮调查研究，黑潮流域生物已鉴定的有：浮游植物 419 种，浮游动物 697 种，鱼类 180 余种以及其他游泳生物约 2000 种。

黑潮生物主要类群的生态特点多样，如浮游植物有高温高盐种、偏高温低盐种、偏低温高盐种和广温广盐种。浮游动物包括暖温带近岸类群和热带大洋类群。

① 张润秋．海洋管理学理论初探及其应用［D］．青岛：中国海洋大学硕士论文，2003.

（2）河口生态系统。我国沿海有1500多条江河入海。河口及其附近水域，由于大量的淡水和陆源物质的注入，形成了独特的河口类型的海洋生态系统。一般而言，河口区生物的种类组成较为复杂，多样性指数较高。我国的三大河口区——长江口、黄河口和珠江口，现已鉴定的浮游植物种类分别为64种、103种、224种；浮游动物为105种、66种、133种；底栖生物与潮间带生物分别为153种、191种、456种和41种、195种和189种；游泳生物则为189种、144种和356种。

从河口区生物的生态类型看，珠江口是以热带、亚热带种为主，游泳生物以暖水性种为主。长江口和黄河口则是以广布种和温带种为主，游泳生物以暖温性种为主。

2.1.4　我国海洋生态系统的退化分析

1）海洋生态环境压力较大

随着海洋生态环境保护意识的增强和管理力度的加大，近年来，我国近岸海域海洋环境质量总体状况趋好，海洋环境进一步恶化的趋势得到一定程度的遏制，但形势仍不容乐观。总体来看，各沿海省份以较清洁海域为主，近岸海域沉积物质量有所改善，综合潜在生态风险逐步降低；重点海水浴场、重点滨海旅游度假区、海洋倾倒区环境质量继续改善，总体状况良好。但主要河口、海湾及主要海水养殖区生态环境状况仍不容乐观；重点国家级海洋自然保护区水质均存在不同程度的污染，不能满足功能区对水质环境的要求。

目前我国近岸海域污染主要来自陆源，其次是船舶和海洋养殖。由于多数陆源排污口设置不合理，大多分布在对海洋环境质量要求较高或者环境容量小的敏感类型功能区内。以山东省为例，2010年共监测陆源排污口（河）103个，其中仅有9个设置在专属排污区内，其余91.3%的排污口设置在增养殖区、旅游度假区、海洋保护区、渔业资源利用与养护区等海洋功能区内。受陆源排污的影响，排污口邻近的海水增养殖区环境恶化趋势加剧，适于养殖的水域面积急剧缩减，养殖生物质量下降、食用安全风险增加；排污口邻近的旅游区（度假旅游区和风景旅游区）环境质量下降，舒适度降低，娱乐、观光、休闲指数降低，海水浴场环境卫生状况不容乐观，正常功能发挥受到制约；排污口邻近的保护区环境受损，污染对保护对象的威胁日趋增大，有的甚至已经受到损害。这些入海排污口的设置，已经严重影响邻近海洋功能区主导海洋功能的正常发挥，海洋生态环境面临重大威胁。

2）海洋渔业资源衰退，渔获物低值化

进入20世纪90年代以来，由于渔船马力增大、数量增多，渔业捕捞生产时间长、捕捞强度大大超过了资源承载能力。渔业资源的过度开发利用，已经导致我国近海渔业资源衰退，捕捞量超过了自然环境中的再生能力，传统的优质渔业经济种类大多数已形不成鱼汛，经济鱼类向短周期、小型化、低质化和低龄化演化，低值品种已上升到渔获物的60%～70%。此外，由于拦河筑坝、围海造地等人类开发活动的不断加剧，河口及近海海域生态环境改变，大量水生生物的生存空间被挤占，洄游通道被切断，产卵场、索饵场被破坏，生存条件恶化，也成为渔业资源趋于衰竭的重要原因之一。

由于资源的小型化、低龄化，渔获质量难以根本改善，目前捕捞量的维持是依赖种群在巨大捕捞压力下个体相对繁殖力的提高、产卵期延长、产卵场扩大、性成熟提前等生物适应特性提供的资源量，这对渔业资源的可持续利用极其不利，资源衰退风险较高。

3）海洋生态需水量锐减，水环境基础逐步恶化

河流为海洋提供了极为重要的生态用水。携带大量营养盐及

泥沙的入海河水与海水混合，在河口浅海区构成了低盐度、营养丰富、水温适宜的沿岸水团。该区域为众多当地及洄游海洋生物种类提供了适宜的产卵、孵化及育幼场所，形成了极为重要的产卵场。随着陆域开发建设力度不断加大，各类用水量急剧增加，各地在入海河流上游建设拦河大坝，再加上近年全球气候变化等其他原因，致使山东省不少河流断流，入海河流水量下降，入海生态用水减少，河口环境改变。

河流入海径流量的锐减导致了低盐区的衰退。以山东省的黄河口、莱州湾为例，据资料显示，1997 年，黄河口以及莱州湾底部为低盐区，而 2008 年，主要的低盐区仅存于莱州湾底部，黄河口海域低盐区已经严重退化。低盐区的缩减对鱼类、虾类的洄游产卵、育幼等产生了严重的负面影响，导致了鱼类产卵场的退化。目前渤海的鱼卵、仔鱼仅集中分布于黄河口邻近海域及辽东湾北部海域，且密度较低，并以非经济性鱼类占主要地位。

4）围填海规模逐步扩大，滨海天然湿地面积缩减

随着陆地土地资源的日益紧张，海洋开发热潮已经形成，各沿海省份的建设用海始终处于较高水平。据统计，自 2002 年《海域法》实施以来，各沿海省份确权发证的各类开放式用海、围海和填海造地项目快速增加，用海面积逐年增大。大规模围海造地拓展了陆域空间，缓解了城市化和工业化进程中土地资源紧缺的矛盾，在促进经济发展，推动城市建设的同时，也极大地影响了生态环境。2001 ～ 2013 年，全国各类围填海总面积为 241199. 18 公顷，平均每年围填海面积为 18553. 73 公顷。以山东省青岛市为例，通过围填海青岛城市建设取得了巨大成绩，胶州湾生态环境则出现了水域面积缩小、纳潮量减少、海洋生物迅速减少、赤潮发生的频率和强度加大、对城市的净化作用和对气候的调节能力降低等一系列生态质量

下降问题。

由于围填海直接占用了滨海湿地，导致滨海天然湿地生境严重破坏和大量丧失。1975年全国滨海湿地面积为73600平方千米，经过近40年的海岸线变迁，2007年全国滨海湿地面积为69300平方千米，而其中自然湿地面积减少了6500平方千米。以山东省为例，黄河三角洲滩涂总面积为9.5万公顷，可利用面积为4.83万公顷，截至2002年底已有滩涂养殖面积3.97万公顷，占总面积的41.7%，占到可利用面积的82.3%。此外，由于石油开发项目，胜利油田通过海堤建设工程，围海造陆8830公顷，近岸修建了多条漫水路和人工岛，导致湿地生境的破碎，加之盐田占地，滩涂可利用区域几乎消失。

5）近岸局部海域海洋生物多样性下降，生态系统功能退化

我国海陆交界的滨海湿地是物种异常丰富区，但由于备受人类工程建筑（导致水动力和栖息地环境改变）、沉积物和污水排放等直接或间接影响，导致物种消失或者接近灭绝的不在少数。在山东省，莱州湾黄河三角洲湿地附近水域水生生物资源丰富，主要经济鱼类有鲻鱼、梭鱼、鲆鲽类、小黄鱼、带鱼、鳀鱼、黄鲫鱼、鲈鱼、银鲳、焦氏舌鳎等。其他还有文蛤、毛蚶、梭子蟹、对虾等经济生物。莱州湾中部有栖息数量不多的青岛文昌鱼。但是近年来，受黄河断流的影响，黄河口名贵品种刀鲚近年来成为稀有种。黄河口流域部分淡水种和半咸水种有消失的迹象，其中洄游性种类日本鳗鲡和达氏鲟在该海域基本绝迹。真鲷和带鱼在莱州湾的分布数量急剧减少，成为稀有物种。石油是其附近渔业系统的主要污染源。

除了海洋生物多样性下降以外，还存在着海洋生态系统功能退化的问题。环境监测数据显示，我国众多主要河口生态系统处于亚健康状态，部分海湾生态系统处于不健康状态。河口和海湾等生态

系统环境质量下降主要表现在近岸海域水体富营养化，氮磷营养盐失衡，部分生物体内砷、镉和石油烃的含量偏高，渔业生物资源衰退趋势未得到有效遏制，主要影响因素是陆源污染物排海、不合理养殖以及生物资源过度开发。此外，围填海工程也是导致海湾、河口生态系统不健康的主要因素之一。

2.2 海洋综合管理实施①

2.2.1 基于海洋文明建设的海洋综合管理任务

2.2.1.1 海洋综合管理的基本任务

海洋综合管理的基本任务，可以概括为九个方面。

（1）组织制定并实施海洋基本法律制度以及各类业务标准与规范。主要包括起草内海、领海、毗连区、专属经济区、大陆架及其他海域涉及海域使用、海洋生态环境保护、海洋科学调查、海岛保护等法律法规、规章草案，会同有关部门组织拟定并监督实施海洋发展战略以及海洋事业发展、海洋主体功能区、海洋生态环境保护、海洋经济发展、海岛保护及无居民海岛开发利用等规划，推动完善海洋事务统筹规划和综合协调机制。

（2）建设、管理国家海洋行政执法力量。主要包括组织拟定海洋维权执法的制度和措施，制定执法规范和流程。在我国管辖海域实施维权执法活动，管护海上边界，防范打击海上走私、偷渡、贩毒等违法犯罪活动，维护国家海上安全和治安秩序，负责海上重要目标的安全警卫，处置海上突发事件。负责机动渔船底拖网禁渔区线外侧和特定渔业资源渔场的渔业执法检查并组织调查处理渔业生

① 高艳．海洋综合管理的经济学基础研究［M］．北京：海洋出版社，2008.

产纠纷。负责海域使用、海岛保护及无居民海岛开发利用、海洋生态环境保护、海洋矿产资源勘探开发、海底电缆管道铺设、海洋调查测量以及涉外海洋科学研究活动等的执法检查。指导协调地方海上执法工作。参与海上应急救援，依法组织或参与调查处理海上渔业生产安全事故，按规定权限调查处理海洋环境污染事故等。

（3）海洋资源管理。负责组织编制并监督实施海洋功能区划，组织拟定并监督实施海域使用管理制度，组织开展海岸线和沿海省际间海域界线勘定工作，组织起草专属经济区和大陆架人工岛屿、设施和结构的建造、使用管理办法并监督实施。

（4）海岛管理。主要包括组织拟定海岛保护及无居民海岛开发利用管理制度并监督实施，按规定负责我国陆地海岸带以外海域、无居民海岛、海底地形地名管理工作，制定领海基点等特殊用途海岛保护管理办法并监督实施。

（5）海洋生态环境管理。主要包括组织开展海洋生态环境保护工作。按国家统一要求，组织拟定海洋生态环境保护标准、规范和污染物排海总量控制制度并监督实施，制定海洋环境监测监视和评价规范并组织实施，发布海洋环境信息，承担海洋生态损害国家索赔工作，组织开展海洋领域应对气候变化相关工作。

（6）海洋公共基础设施与公益服务系统建设与管理。主要包括拟定海洋观测预报和海洋灾害警报制度并监督实施，组织编制并实施海洋观测网规划，发布海洋预报、海洋灾害警报和公报，建设海洋环境安全保障体系，参与重大海洋灾害应急处置。

（7）海洋科技管理。主要包括组织拟定并实施海洋科技发展规划，拟定海洋技术标准、计量和规范，组织实施海洋调查，建立推动海洋科技创新的机制。

（8）海洋经济管理。主要包括组织开展海洋经济运行综合监测、统计核算、评估及信息发布工作，研究提出优化海洋产业结构的政策建议。

（9）国际海洋合作管理。主要包括开展海洋领域的国际交流与合作，参与涉外海洋事务谈判与磋商，组织履行《联合国海洋法公约》《南极条约》等国际海洋公约、条约和协定，承担极地、公海和国际海底相关事务。

2.2.1.2 海洋生态文明建设中海洋综合管理的新任务

海洋生态文明建设战略的实施对海洋综合管理提出了新要求，从而进一步拓展了海洋综合管理的任务。主要表现在以下几方面。

（1）权衡资源的生态价值和经济价值，在推进海洋生态文明建设的战略背景下全面考虑海洋资源的开发利用。推进海洋生态文明建设要求对海洋生态系统价值全面、系统、合理地开发，提高资源的使用效率，因此，必然要求在海洋管理中统筹兼顾、综合利用。对于海洋资源的开发，要注意资源空间分布的复杂性和相互关联性，在开发前统筹规划，权衡资源的生态价值和经济价值，合理确定开发的次序和程度，最大限度地发挥资源的价值，实现资源的可持续利用。

要把对海洋资源的利用放到整个海洋生态系统价值中来考虑，若某种资源在开发过程中由于技术不足等原因会造成较大程度的海洋生态系统破坏，则应当权衡开发的生态成本、经济成本和实际利益，放弃此种资源的开发，通过引进或技术革新降低开发成本和污染成本，系统规划海洋资源的开发利用。

（2）在建设海洋生态文明背景下，海洋开发的整体性和综合性增强，涉及多部门、多地区的利益关系，如何协调这些关系就成了海洋综合管理的重要任务。一方面，要建立统筹管理国家海洋事务的综合管理部门，负责海洋总体战略、规划、政策的制定、监督和协调，逐步解决长期分割的多部门交叉管理的问题，进一步明确各部门的责任分工；同时要加强各地区间的协调工作，避免某些海区管理交叉而某些海区却无人管理的情况。另一方面，由于环境、资源问题具有全球化的特征，因此要加强同周边国家的合作，建立起协调保护机制和合作开发机制，在更大范围内实现海洋的可持续利用。

（3）在建设海洋生态文明背景下，海洋开发活动对资本、技术、人才等要素的要求显著提高，海洋管理部门应加大在招商引资、技术革新、引进人才等方面的战略规划和服务。根据国家海洋发展的总体规划，确定引进外资、技术、人才的重点产业，明确海洋科技的重点突破领域，并制定相关政策加以引导，以促进合理的海洋产业结构的形成。要注意利用发达国家的海洋传统产业和成熟技术向外转移的时机，结合本国海洋开发的现状，合理地加以吸收，实现海洋开发活动由劳动密集型向资本、技术知识密集型转移，提升本国海洋产业的国际竞争力。

（4）建立海洋综合信息系统。海洋生态文明建设的实现，是基于海洋开发利用活动中对海洋生态系统更为科学准确的认识，这就需要在海洋综合管理中更加快速有效地获取和处理海洋开发活动中的大量复杂信息，实现更为科学的海洋开发。信息、技术的交流和获得已成为提升海洋综合管理水平的关键，因此，迫切需要建立海洋综合信息系统，及时发布海洋开发的相关政策、法律法规，提供开发技术、信息等方面的咨询和指导。综合信息系统的建立，一方面，有利于各管理部门信息的交流和共享，提高管理的有效性；同时通过政策、信息的公开化，提高海洋管理的透明度，逐步同国际接轨；另一方面，海洋开发技术和信息也可以实现共享，为各开发主体提供畅通的信息、技术交流渠道。

2.2.2 用生态系统管理的理念指导海洋管理工作

2.2.2.1 将生态系统管理的理念引入海洋管理

正确认识、评估海洋生态价值是合理开发利用海洋的前提。任何对海洋资源的无价使用或低价使用,都会导致海洋资源的过度消耗和海洋自然生态的严重破坏。随着海洋开发强度和深度的扩展,进入海洋环境的有害物质增加,海洋污染日趋严重,而且海洋自然灾害发生频繁,海洋脆弱的自然生态系统平衡极易被打破,从而造成近海渔业资源衰退、生物多样性锐减、生物资源量降低等环境问题。因此,仅仅只是把海洋当成一种发展经济的资源来看待,是极为片面的,将会导致海洋功能的片面发挥或功能失效。

提出“生态管理”这个概念,与其说是一种管理方法的改进,不如说是一种管理理念的变革。因为单纯强调管理的方法与技术并不能从根本上解决目前管理面临的问题,只有通过管理观念的更新才能逐渐改革人们的思维方式和行为方式,进而改变整个管理制度。生态管理作为一种新的管理方式的出现,并不局限于某一具体的领域当中,而是作为管理的一种新思路、新模式被用于各个领域的管理过程中。而且,生态系统管理要求综合管理,强调社会、经济、环境诸方面的相互作用。所以,在海洋管理发展的新的阶段,应吸收生态管理的先进管理理论和方式,以此指导海洋管理工作。

海洋事业的发展,对海洋管理提出了更高的要求,特别强调在海洋管理活动中,要充分考虑自然界诸多因素之间的关联性,维持海洋生态系统所有组成部分彼此的制约关系和生物与生态环境之间的平衡关系,将海洋开发利用的规模和强度控制在正常生态维持的允许范围之内。维持海洋生态的整体性表现在:一是保护海洋生物的多样性,二是维护海洋生态结构的完整性,三是保持健康的海洋环境。同时,还强调人与海洋生态环境的相互作用。人的因素与海洋自然因素相互关联、相互依赖，共同形成一个开放的有机整体。在人与海洋构成的整体中，人的存在方式影响了海洋功能的发挥程度，反之，海洋自然功能的发挥将影响人的生存。只有保持人与海洋自然体的和谐，人和海洋才能变得富有生命力和价值。与生态管理的基本原则一致，海洋管理应把重点放在防患于未然上，强调预防为主、防治结合的综合管理思想，通过一切措施办法，预防海洋环境的污染和其他损害事件的发生，防止海洋环境质量的下降和海洋生态系统的破坏。即使有些环境冲击是不可避免的，也要尽可能地控制在保持海洋生态系统平衡的范围内。所以说，要保持良好的海洋生态平衡，就要统筹各要素之间的关系，对海洋实施综合管理。

强调在海洋管理中引入“生态管理”的理念，主要是借鉴生态管理的思路和模式，完善目前的海洋管理工作。我们要从生态系统管理的视角出发，考虑海洋管理的实际情况，本着科学的态度，探寻可行的海洋管理方案。比如，鉴于海洋资源利用的空间立体化程度高、海洋环境资源的多功能性等特点，我们在开发利用时，要统筹兼顾，合理规划，综合利用。但需要注意的是，依据生态管理的观点，统筹兼顾并不是面面俱到。要使同一海区的所有价值、每一个功能都充分发挥出来是不现实的，要想使生态系统中某一个成分优化而不改变其他的属性也是很困难的。所谓综合管理实际就是通过综合考察各方面的影响因素，对某些管理决策中将要出现的选择进行了解、评估和鉴定的过程。综合管理不是“什么都要管”，而是“有所选择”，当然，这个“选择”是经过权衡、综合各种情况做出的。对海洋实行综合管理就要侧重从全局、整体和宏观角度出发，将海洋管理的各类对象和不同组分作为统一的整体，注重管理的综合效果和全局效应。生态系统管理也是将整个生态系统的结构和功能作为管理的主要对象，二者都突出了管理对象的整体性。

总之，立足于生态系统管理的理论和实践，使海洋综合管理找到了一个更为宽广的研究视角和更大的发展空间。在这种新的管理理念引导下，海洋综合管理将在实践中不断发展和完善。

2.2.2.2 基于生态系统的海洋管理

从 20 世纪 90 年代末开始，基于生态系统的管理理念迅速被世界各海洋大国应用于海洋管理领域。相关国际组织、各海洋大国和海洋学术界都一致认为，协调海洋资源开发与保护、解决海洋生态危机必须改进现有的海洋管理模式，应用基于生态系统的方法管理海洋。

在海洋管理领域，习惯把生态系统途径称为基于生态系统的管理，它有以下三方面的特征：一是在管理活动中综合考虑生态、经济、社会和体制等各方面因素的综合管理；二是管理对象是对海洋生态系统造成影响的人类活动，而不是海洋生态系统本身；三是管理目标是维持海洋生态系统健康和可持续利用。但目前，我国的海洋管理还停留在地方行政管理和行业管理层次上。尽管海洋资源可持续利用已经被列为海洋管理的基本原则和目标，但是在实际的管理工作中，还是以获取资源最大化为目的，可持续利用还只是一个兼顾发展的目标或者停留在规划文本上的蓝图。因此，基于生态系统的海洋管理是未来的发展大趋势，对我国的海洋管理也有积极的借鉴意义。为此，可以借鉴生态系统管理的方法，做好以下海洋管理工作，为将来全面实现科学的海洋综合管理奠定基础。

（1）重视公众的参与。在我国现有的海洋管理体制下，公众的参与在涉海政策的制定和执行中还没有得到很好的体现。今后，应拓展公众参与海洋管理的渠道；同时应普及海洋知识的教育，通过对公众海洋知识的普及，提高他们认识海洋和管理海洋的意识。另一方面，人们利用和保护海洋的意识提高了，就会增强参政议政的积极性，自觉维护海洋政策的执行。

（2）建立涉海机构和部门之间的合作机制。涉海机构和部门合作机制已经成为影响我国海洋管理政策能否有效落实的关键因素，也是我国实施基于生态系统的海洋管理的基本保障。同时，应体现出海洋管理综合、因地制宜和可持续的特点，制定适应我国国情的海洋事业发展规划，具体指导我国海洋事业的全面快速发展。

（3）开展海洋管理单元区划研究。应结合基于生态系统的海洋管理所提倡的原则以及我国海洋管理现状，组织多方面的科学力量对我国海洋生态系统进行深入调查研究，在此基础上，根据生态系统自然特征划分海洋管理单元，以此有效促进我国海洋行政管理工作。

3

世界主要海洋国家和地区基于海洋生态系统的海洋综合管理实施情况研究

3.1 国际上基于海洋生态系统管理的典型模式及其管理经验

3.1.1 海洋生态系统协议——《本格拉洋流公约》

2013年4月30日，安哥拉、纳米比亚和南非三国签署了《本格拉洋流公约》，这是世界第一个大型海洋生态系统法律框架。随着该公约的签署，安哥拉、纳米比亚和南非三国将一起致力于长期保护和可持续利用本格拉洋流大型海洋生态系统。

本格拉洋流是沿南部非洲西海岸线的一股冷洋流，《本格拉洋流公约》拟定的生态系统保护范围是指从南非伊丽莎白港延伸到安哥拉北部卡宾达省的海域，这是世界上生态系统最丰富的地区之一，同时也是海洋经济较发达的地区，每年这一海域产生的经济价值估价至少为543亿美元，包括离岸石油和天然气、钻石等矿产以及旅游、商业捕鱼和航运等。

鉴于本格拉洋流海域丰富的资源和良好的经济效益，2007年，南非、安哥拉、纳米比亚三国成立了本格拉洋流委员会，这是世界上第一个跨国洋流委员会。该委员会负责对本格拉洋流海洋生态系统的研究、环境保护、可持续开发、渔业生产和贸易等进行协调与管理。

《本格拉洋流公约》是三国政府签订的正式协议，致力于长期保护、恢复和增强对本格拉洋流大型海洋生态系统的可持续利用，促进该区域合作方式和方法的提高，以获得经济、生态和社会方面的利益，其核心是在环境保护和人类发展中寻求平衡点，共同利用这一富饶的海洋生态系统。协议的签署为实现本格拉洋流大型海洋生态系统长期科学管理，以及有效保障该区域靠海为生的民众的合理发展需求得到满足。

《本格拉洋流公约》的签署是人类社会通过以科学研究为基础的政治措施，是解决海洋生态系统退化和资源枯竭问题的重要实践。自从 20 世纪 90 年代以来，联合国开发计划署和全球环境基金一直对保护本格拉洋流的区域合作给予资金和技术上的支持，这种支持对于 2007 年本格拉洋流委员会的成立起到了推动作用。《本格拉洋流公约》的签署则是多年来在该区域进行的有关研究、磋商和谈判累积的结果，所有这些行动都是以三国之间相互信任和合作为基础的。同时《本格拉洋流公约》的签署也表明，采用海洋生态系统管理的一体化形式实现有效解决复杂海岸带和海洋环境面临的问题，需要通过建立明确的法律框架，为可持续性的海洋生态系统管理提供保障。

3.1.2 世界海洋保护组织对全球海洋生态系统的重建①

世界海洋保护组织是全球最大的海洋保护组织，倡议 100% 投入“为海洋而战”，其目标是通过保护全世界的海洋，创造更美好的

① 张艳．世界海洋保护组织致力重建海洋生态系统［N］．中国海洋报，2009-08-11.

地球。该组织努力寻求恢复海洋丰富、健康的原貌，重建海洋生态系统，为人类未来的可持续发展、休闲娱乐、工作就业等提供强有力的保障。

世界海洋保护组织在北美洲、欧洲、南美洲等地均设有分支机构，在全球150多个国家和地区拥有的会员和志愿者数量超过30万。该组织拥有一支由海洋科学家、经济学家、律师和世界各地倡议者等组成的专业队伍，发起了多项地区性及全球性的海洋保护项目，推动多国政府采取具体可行的政策，帮助减少海洋污染，确保海洋鱼类、海洋哺乳类以及其他海洋生物的繁衍生息。

1）确定2～5年时间表

世界海洋保护组织致力于发起战略性的倡议并最终促使其取得实际成效，所提出的每个倡议或环保项目都设定有具体的时间表和目标，详细列出该项目将会达成怎样的效果、给海洋带来怎样积极的变化。每个项目均涉及科学、法律、政策、倡议途径等多个方面，需要进行科学规划、多方协调。世界海洋保护组织的目标是让每个项目或倡议在提出后的2～5年时间里取得里程碑式进展。

目前，世界海洋保护组织的工作内容主要包括以下九个方面：一是从全球变暖的原因、现状以及造成的影响、解决方法等方面入手，减少、减缓气候变化对海洋环境的影响。二是杜绝滥捕滥杀。该组织指出，每年全球的商业捕捞会浪费约72亿千克的鱼，杀死数十万只海龟、海洋哺乳动物以及海鸟等。该组织要做的就是尽力减少乃至杜绝这种情况的发生。三是制止具有破坏性的拖网捕捞。商业捕捞所使用的拖网等工具已经并正在对海底环境造成巨大破坏，世界海洋保护组织的工作就是对深海珊瑚礁、海绵等海底“居民”进行保护，并制止拖网蔓延到新的海域。四是阻止海产品被污染。五是清除海洋诱饵。六是拯救海龟、鲨鱼。七是与各地潜水俱乐部合作，对海洋资源进行保护，邀请、动员潜水员帮助进行海底珊瑚礁、鱼类状况的调查，组织海洋清洁活动等。八是阻止船舶对海洋造成的污染。世界海洋保护组织透露，每天从船舶上排放出来的生活、生产垃圾数量极大，随之产生的细菌、重金属等有害物质对海洋的污染异常惊人。因此，该组织发起清洁船舶活动，呼吁在美国近岸19千米内禁止排放下水道污物和污水。九是发出倡议，通过推动法律、法规的制定或修改来保护、改善海洋环境。

2）环保努力取得多项成果

2009年以来，世界海洋保护组织发起的多个项目都获得了巨大成功。2009年7月，美国国家海洋渔业局通过禁止捕捞磷虾的法令。这条法令禁止在美国各州海岸5～320千米海域捕捞磷虾。世界海洋保护组织介绍说，磷虾是太平洋食物链的基础，近年来过度捕捞一度导致其数量急剧减少。因此数年前，该组织就带头发起了禁止捕捞磷虾的倡议，并得到了众多科学家、自然资源保护者以及渔民们的支持。

世界海洋保护组织2009年以来赢得的另一个胜利是，联合国正式确定从2009年起，每年的6月8日为官方的世界海洋日，而世界海洋保护组织正是积极倡导世界海洋日的主要国际组织之一。在此之前，成千上万的该组织支持者向联合国提交了数以千计的申请书，要求尽早通过确立官方世界海洋日的决议。最终，世界海洋保护组织的倡议得到联合国的重视与肯定。

此外，世界海洋保护组织2009年以来成功推动的项目还包括拯救锤头鲨、长尾鲨、蓝鲸和灰鲭鲨项目，保护海龟项目，禁止在北极地区从事工业渔捞项目等。

3.1.3 世界大海洋生态系研究国际计划[①]

1）大海洋生态系概念的发展

自从美国生物海洋学家Sherman和海洋地理学家Alexander博士于1984年正式提出大海洋生态系概念以来，全球的科学家从生态系统学和管理学的角度对近海生态系统开展了大量研究。最初的大海洋生态系概念指：① 世界海洋中的一个较大的区域，一般为20万平方千米以上；② 具有独特的海底深度、海洋学和生产力特征；③ 生物种群具有适宜的繁殖、生长、摄食策略和营养依赖关系；④ 受共同因素的作用，如污染、人类捕捞、海洋环境条件等，其生物种群和群落在地域上维持着完整性和系统性。大海洋生态系的观点使海洋综合管理（主要是资源和环境管理）从行政区划管理走向生态系统管理。现在大海洋生态系的概念有所扩展，大海洋生态系包括从河流盆地和海湾的沿岸区域到陆架边缘或到近海环流系统边缘的相对较大的海洋空间，具有独特的地形、水文、生产力和营养依赖的种群等特征。该定义不再强调20万平方千米的面积。事实上有少数大海洋生态系的面积不到10平方千米。其英文定义为："Large marine ecosystems are regions of ocean space encompassing coastal areas from river basins and estuaries to the seaward boundary of continental shelves and the seaward margins of coastal current systems. They are relatively large regions characterized by distinct bathymetry, hydrography, productivity, and tropically dependent populations. "

全球大海洋生态系所占的面积不到全球海洋面积的10%，但是承担了世界上95%的海洋捕捞量和100%的海水养殖产量，同时遭受着沿岸大量污染、生物资源的栖息地大量丧失等压力。现在大海

① 陈尚，朱明远，马艳．世界大海洋生态系研究及其国际计划［J］．黄渤海海洋，1999，17（4）：103-104.

洋生态系研究计划强调生态系统的管理，倡导长期的、大尺度的管理。管理目标不仅包括大海洋生态系的产品（如鱼、虾、贝等）的可持续生产，还要使大海洋生态系的服务功能（如营养盐循环、氧气生产、碳固定等）持续发挥。大海洋生态系出现的问题不是靠短期的、局部的努力就能解决的，甚至不是一个国家单独能解决的。UNDP、UNEP、UNIDO、IOC、FAO、World Bank 和 IUCN 等国际组织以及美国国家海洋大气局（NOAA）正在推动大海洋生态系国际计划。目前关于大海洋生态系研究已出版了多本专著和论文集。

2）海洋生态系统的分布

最初提出的全球大海洋生态系有 49 个，后来增加了太平洋中美洲浅海（Pacific Central American Coastal）生态系，见表 3-1。大海洋生态系的分布情况：太平洋 20 个，其中西太平洋 12 个，东太平洋 7 个，中太平洋 1 个；印度洋 5 个；大西洋 24 个，其中西大西洋 12 个，东大西洋 12 个（含黑海）；南大洋 1 个；北冰洋 4 个。我国有 3 个海洋生态系，分别是黄海（含渤海）、东海和南海。大海洋生态系主要位于沿岸带近海，是全球初级生产力最高的区域，也是人类活动最频繁、受外来干扰最重的区域。至 2002 年已建立 64 个。

3）大海洋生态系国际计划

1992 年联合国环境与发展大会后，全球环境基金会（GEF）为发展中国家参与的跨边界的大海洋生态系研究提供资助。首批资助了 20 亿美元，1998 ～ 2000 年启动第二批，资助 27. 5 亿美元。大海洋生态系的管理过程分为四个阶段。第一阶段收集历史资料、综合分析、评估生态系统现状；第二阶段管理规划，在综合分析了解生态系统的基础上，制定生态系统综合管理的目标和详细的实施方案，分析社会经济效益；第三阶段实施管理方案，包括进行连续的、长期的、大尺度的监测；第四阶段是管理计划的反馈阶段，根据实际行动结果适时调整实施方案。目前国际组织正在推动的大海洋生态系计划有：① 亚洲：孟加拉湾、黄海、南海；② 非洲：几内亚湾、本格拉海流、索马里海流、阿古拉斯海流、加那利海流；③ 南美洲：洪堡海流、加勒比海；④ 东欧：波罗的海。见表 3-2。

表 3-1 全球大海洋生态系名录

编号	生态系名称	海区	编号	生态系名称	海区
1	东白令海	太平洋	23	凯尔特－比斯开陆架	大西洋
2	阿拉斯加湾	太平洋	24	伊比利亚海	大西洋
3	加利福尼亚海流	太平洋	25	地中海	大西洋
4	加利福尼亚湾	太平洋	26	黑海	大西洋
5	墨西哥湾	大西洋	27	加那利海流	大西洋
6	美国东南陆架	大西洋	28	几内亚海流	大西洋
7	美国东北陆架	大西洋	29	本格拉海流	大西洋
8	斯科舍陆架	大西洋	30	阿古拉斯海流	印度洋
9	纽芬兰陆架	大西洋	31	索马里海流	印度洋
10	西格陵兰陆架	大西洋	32	阿拉伯海	印度洋
11	夏威夷岛礁	大西洋	33	红海	印度洋
12	加勒比海	大西洋	34	孟加拉湾	印度洋
13	秘鲁海流	太平洋	35	南海	太平洋
14	巴塔哥尼亚陆架	大西洋	36	苏禄－西里比斯海	太平洋
15	巴西海流	大西洋	37	印度尼西亚海	太平洋
16	巴西东北陆架	大西洋	38	北澳大利亚陆架	太平洋
17	东格陵兰陆架	北冰洋	39	大堡礁	太平洋
18	冰岛陆架	北冰洋	40	新西兰陆架	太平洋
19	巴伦支海	北冰洋	41	东海	太平洋
20	挪威陆架	北冰洋	42	黄海	太平洋
21	北海	大西洋	43	黑潮	太平洋
22	波罗的海	大西洋	44	日本海	太平洋

续表

编号	生态系名称	海区	编号	生态系名称	海区
45	亲潮	太平洋	48	法罗海台	大西洋
46	鄂霍茨克海	太平洋	49	南极洲陆架	南大洋
47	西白令海	太平洋	50	太平洋中美洲陆架	太平洋

表 3-2　大海洋生态系国际研究计划

地区	生态系名称	参加国家和地区	国际协调	进展
亚洲	黄海	中国、韩国、朝鲜	UNDP/GEF	PDF-B
	南海	中国、菲律宾、越南、泰国、马来西亚、苏门答腊、柬埔寨、婆罗洲	UNEP	PDF-B
	孟加拉湾	印度、马来西亚、泰国、马尔代夫、斯里兰卡、孟加拉国、印度尼西亚	FAO	PDF-B
非洲	几内亚湾	尼日利亚、加纳、象牙海岸、贝宁、喀麦隆、多哥	UNIDO	资助 600 万美元
	本格拉海流	南非、纳米比亚、安哥拉	NDP	PDF-B
非洲	索马里海流	坦桑尼亚、肯尼亚	UNEP	已完成 PDF- 阶段，未获进一步资助
	阿古拉斯海流	莫桑比克、南非、马达加斯加	UNEP	PDF-A
	加那利海流	几内亚、几内亚比绍、冈比亚、佛得角、毛里塔尼亚、摩洛哥、塞内加尔	UNEP，IUCN	PDF-B
南美洲	洪堡海流	智利、秘鲁、厄瓜多尔	未定	PDF-A
	加勒比海	巴哈马、巴巴多斯、洪都拉斯、巴西、哥伦比亚、哥斯达黎加、古巴、牙买加、墨西哥、巴拿马、圣卢西亚、特立尼达-多巴哥、委内瑞拉	IOC	PDF-A
东欧	波罗的海	波兰、爱沙尼亚、拉脱维亚、立陶宛、俄罗斯、芬兰、瑞典、德国、丹麦	World Bank	PDF-B

3.1.4 海洋酸化追踪的国际海洋监测网①

海洋酸化是指由于吸收大气中过量的二氧化碳，导致海水酸碱度降低的现象。海洋表层水的pH约为8.2，呈弱碱性。研究人员估计，自19世纪工业革命以来，海洋的酸度已经上升了30%。海水酸性的增加，将改变海水化学的种种平衡，使依赖于化学环境稳定性的多种海洋生物乃至生态系统面临巨大威胁，例如，越来越酸的海水能够破坏珊瑚和贝壳中包含的碳酸钙，或是损坏某些海洋浮游生物的骨骼等。因此，科研人员需要更清晰的数据来评估海洋酸化严重的地区，并利用模型对未来的发展趋势进行推测。目前，全球海洋学家已开始共同努力追踪海洋酸化状况，并开展了相关的计划，通过借助远程传感器等检测二氧化碳过量吸收所致的海洋酸化对于水生生物影响的国际监测网络搭建的具体方案正在逐步成型。

根据*Science*杂志近期发布的一份研究报告显示，全球海洋正在迅速酸化，且速率是过去3亿年来最快的，甚至快于5600万年前温室气体急剧增加的时期。迅速被酸化的海水将腐蚀能给许多动物和植物提供栖息地的珊瑚礁，让许多贝类难以长出保护性的外壳，还可能损害鱼类的生长。尽管已有少量研究发现，一些浮游生物会逐渐适应海洋酸化，例如，一种叫作海洋球石藻的微小浮游生物，与未经进化的同类相比，其维持钙质外壳的能力要高出50%，但是研究人员依旧强调对海洋酸化的警惕不容置疑。

大量研究显示，大部分的海水酸化发生在少数的几个公海地点，原有监测方式十分昂贵。因此，可以通过建立大量具有自动化系泊设备的监测点，由卫星将数据传输给研究人员，使科学家基于相关数据验证海洋的酸化模型。通过国际监测网络的建立能够在未来10年使得监测点的数量从20个攀升至60个，形成追踪海洋酸

① 全球海洋学家拟建国际海洋监测网追踪海洋酸化［J］. 化学分析计量，2012(5)：72.

化状况的全球监测网络，并使每个国家都能支持自己的酸化监测，令酸化监测成为巡航舰载测量的例行部分。这一监测计划将由海洋酸化国际协调中心领导，由国际原子能机构主持。

海洋酸化国际监测网络的建立具有十分重要的意义。一方面，因为酸化是一个缓慢长期的过程，因此通过在未来几十年中持续的监测可以从长远上对全球海洋生态研究产生深刻的影响。另一方面，目前沿海生态系统的监测功能最为薄弱，而这些区域却恰恰是最需要对海洋酸化程度进行追踪的。以太平洋西北地区为例，酸化程度可因上升流携带的大量溶解的二氧化碳而增强，致使牡蛎培育的收益率在 2005 年至 2008 年间下降 80%左右。而当地研究小组提供的有关上升流的监测设备，可使培育机构及时调整运营部署，避开酸性海水的突袭，为太平洋西北地区的牡蛎产业节省上千万美元，可谓是监察观测系统十分实用的一个方面。

3.1.5 国际生态系统管理伙伴计划[①]

2011 年 11 月 18 日，联合国环境规划署（简称环境署）与中国科学院在北京共同启动国际生态系统管理伙伴计划。该计划是环境署首个“立足于发展中国家、贡献于发展中国家”的生态系统管理计划，并得到国家环保部和国家基金委等部门的大力支持。国际生态系统管理伙伴计划是设在中国的一个国际计划，旨在推动所有发展中国家有关生态系统管理的科学和政策间的衔接。该伙伴计划的核心任务是对各种科学研究成果进行汇总，为所有发展中国家的生态系统管理决策提供支持。该伙伴计划主要由三个相互关联的子计划组成，即监测和能力建设、综合知识管理、科学和政策。该伙伴计划的工作范围涵盖陆地和海洋生态系统，其主要服务对象包括

① 中国科学院地理科学与资源研究所．国际生态系统管理伙伴计划［EB/OL］．http://baike.baidu.com/view/6929409.htm，2011-11-21/2015-4-25.

各国政府、政府间机构和计划，以及各个开发机构和科学界。

国际生态系统管理伙伴计划的依托单位为中国科学院地理科学与资源研究所。主要负责对全球生态系统监测和研究能力开展综合全面的调查和评估。该伙伴计划将建立一个数据库，共享有关发展中国家生态系统管理的方法、工具和知识，为这些国家的决策提供服务。该数据库将为联合国生物多样性与生态系统服务政府间平台（Intergovernmental Platform on Biodiversity & Ecosystem Services，IPBES）的地区性重要评估工作提供支持。目前，该伙伴计划已开始通过编制政策文件和组织高层论坛，综合最新的研究成果，为政策制定提供支持。此外，该伙伴计划还将为中国有关生态系统管理和气候变化的南南合作项目提供助力。

3.1.6 国际上基于海洋生态系统管理的发展趋势①

1）日益重视海洋环境保护与流域管理的综合协调

从20世纪90年代起，国际社会为防止陆地活动对海洋环境日益严重的影响，提出了“从山顶到海洋”的海洋污染防治策略，强调海洋综合管理与流域管理的衔接和统筹，推行海岸带及海洋空间规划，对跨区域、跨国界海洋污染问题建立区域协调机制。与此同时，国际社会更加重视一些新型海洋生态问题，例如，海漂垃圾治理、近岸水体贫氧区整治、海洋噪声对海洋哺乳动物习性的影响、近岸海域病原体防治、预防海水养殖带来的各种环境问题等。对于原有的海洋污染问题，运用综合管理和生态修复手段予以应对，例如，对陆地非点源污染、重金属、持久性有机污染物（POPs）等实施综合防治，对受损珊瑚礁、红树林、滨海湿地、海草床、潮下带等海洋生态系统

① 李永琪．中国区域海洋学——海洋环境生态学［M］．北京：海洋出版社，2012：152-153.

和区域开展生态修复工程。并且不断研发新的监测和预测技术应对赤潮、溢油等海洋环境突发事件,实施生态损害赔偿制度。

2)制定了基于生态系统管理的海洋自然保护策略

应以海洋与海岸带自然生态系统的结构、过程和功能为基础,整合相关的管理机构和机制,发挥跨学科、跨部门、跨区域的综合优势,特别是基层政府和社区群众的作用,并将海洋自然保护纳入国家海洋经济开发的主流决策和规划之中,构建海洋自然保护新格局。国际组织通过提出将全球海域划分为若干大海洋生态系的概念,综合海洋、海岸带、河口、流域和海洋资源管理,以生态系统为基础调动跨部门力量,鼓励相关国家间的海洋环境保护区域合作,共同保护海洋生态系统。与此同时,国际社会还对海洋外来物种入侵问题予以高度重视,包括船舶压舱水及附着生物、海水养殖和水族馆贸易等途径带来的外来物种,已经对生物多样性、生物生产力、渔业资源造成严重威胁,而且外来入侵物种在环境污染、过度捕捞、栖息地破坏及主要航线等区域出现频率更高,气候变化又加剧了这一过程,因此将其作为国际社会海洋生态安全的重大挑战之一。

3)更加重视海洋环境对气候变化的响应与适应

海洋作为全球各类地理单元中最大的碳汇,其生物地球化学过程与全球气候变化密切相关。气候变化已经对海洋生态系统产生影响。随着气候变化的日益加剧,国际社会近年来十分关注海洋环境对气候变化的响应和适应。主要表现在海平面上升导致海岸带栖息地丧失、海洋灾害加剧,水温升高导致礁石珊瑚、带有钙质的浮游植物和原生动物中的有孔虫与放射虫、甲壳动物、软体动物等海洋生物的生物钙化过程受阻或壳体腐蚀。气候变化还将改变大洋洋流、水体交换、温盐分布等基础海洋学条件,将会影响大尺度的营养盐分布及输送、海洋洄游动物的迁移,加剧海洋缺氧区的影响,进而通过食物网链错综复杂的作用改变整个海洋生态系统的物质循环与能量流动。因此，对气候变化造成的海洋渔业资源、海岸保护、碳吸收和全球气候调节等海洋生态系统的评估、影响和适应问题，已经成为国际社会应对气候变化的重要话题，在海洋生态保护各项策略中必须考虑气候变化因素。

3.2 世界主要海洋国家和地区基于生态系统的海洋管理实践

3.2.1 美国

3.2.1.1 美国的海洋生态状况

美国是一个海洋大国兼强国，其沿海地区人口密度目前比全国人口平均密度高出 2 ～ 3 倍。美国沿海地区每年的 GDP 已超过 1 万亿美元，约占全国生产总值的 1/10。且整个沿海地区每年约有 6000 万个工作岗位，GDP 规模将达到 4. 5 万亿美元，占美国国内生产总值的 1/2。海洋运输和滨海旅游娱乐业目前是美国国民经济发展的两大重要驱动力。但在沿海地区海洋经济和社会快速发展的同时，美国海洋和沿岸生态环境由于大量人类活动所带来的负面影响也不断加深，海洋污染日益加剧，海洋水质下降明显，湿地面积大量减少，海洋生物资源遭到破坏。

总的来看，美国海洋生态环境主要面临以下几个方面的问题。

（1）海洋环境污染日益严重。由于美国人口在沿海地区的集聚程度不断加大，海岸带区域大规模工程项目大量上马，因此，大量滨海湿地改造为城市，大块的沙丘成为水渠交错的高尔夫球场等娱乐设施。而工程项目建设过多考虑经济利益，忽视了对环境的影响，给美国的海岸带环境带来巨大的破坏。由于汽车排放的有害物质、溢油以及化肥、农药、海水养殖等污染影响，美国的沿海河流和港湾存在中度或严重富营养化问题。2001 年美国 23% 的港湾不适宜游泳、捕鱼和海洋生物生存。2002 年，因发现了海水中与排泄物污染相关的细菌，美国曾先后 1.2 万次下令关闭海滩。

（2）滨海湿地减少。滨海湿地是特别宝贵、脆弱的滨海资源，而为满足商业、居住和旅游开发的需要，到 20 世纪 80 年代，美国已经损失了一半以上的原始湿地。此后，虽采取了一些法规性保护措施，但仍持续减少，对美国海岸的生态环境与生物安全构成了严重威胁。2005 年由飓风“卡特里娜”引起的美国新奥尔良水灾灾情，与该地区海岸带大片湿地丧失有直接的关系。

（3）渔业资源持续衰退。由于捕捞强度失控以及环境污染的影响，导致生态结构和海洋生态系统多样性的严重变化，渔业资源评价说明，美国有 1/2 的资源处于过度捕捞或非可持续性捕捞状态。物种入侵也给美国的海岸带带来威胁，旧金山湾生活着 175 种以上引进的海洋无脊椎动物、鱼类、藻类和高等植物，在过去的 200 年间，海洋生物的引进速率呈指数上升。① 同时，一些海上突发事件和事故也威胁着美国的海洋生态系统，2010 年 4 月底至 5 月初，墨西哥湾“深海地平线”钻油台的原油泄漏事故严重威胁了在墨西哥湾生存的数百种鱼类、鸟类和其他生物，当地渔民赖以生存的捕捞业遭到了巨大的打击。

3.2.1.2　美国基于海洋生态系统的海洋管理政策

1）原则

美国海洋政策委员会在《21 世纪海洋蓝图》中阐明了美国新型

① 美国皮尤海洋委员会．规划美国海洋事业的航程［M］．周秋霖，牛文生，等，译．北京：海洋出版社，2005：1-45.

海洋管理政策的原则。其中就包括:① 基于生态系统基础上的海洋管理。美国海洋和海岸带资源的管理应该反映所有生态系统组成部分,包括人类和非人类物种以及它们所生存的环境,对于海洋的管理应用这一原则要求基于生态系统而非基于边界的行政管理。② 要实现基于生态系统的海洋管理,需要建立新的国家海洋政策决策机制,包括加强对联邦海洋事务的领导和协调,强化联邦海洋事务管理机构,建立国家、州和其他当地利益相关实体的协调机制。[①]

2)具体政策

美国海洋科技、工程与资源委员会在1969年的报告中指出社会经济活动因素影响了海岸带经济管理。具体如城市发展、滨海休闲、商业捕捞、油气开采等这些人类经济活动影响到海岸带生态系统。

21世纪初期,沉重的资源和环境压力迫使美国深刻反省本国海岸带管理现状和存在的问题,并重新进行政策研究和规划。成立于2000年的美国海洋政策委员会在广泛调查的基础上,于2004年向美国国会提交了《21世纪海洋蓝图》的海洋政策报告,为21世纪美国海洋管理政策勾画出了初步的新"蓝图"。这是自1969年一个名为"海洋科学、工程和资源"的总统委员会发表类似报告35年来,美国首次对国家的海洋管理政策重新进行彻底评估,以解决美国的海洋和沿海地区所出现的生态险情。《21世纪海洋蓝图》提出了有关海岸带利用与管理的政策新建议,其中提出以生态系统为基础的区域管理和渔业管理。《21世纪海洋蓝图》认为,要重视流域对海岸带环境和生物状态的影响,因为不仅海岸带发生的活动给海岸带造成压力,内陆活动也可能通过流域给海岸带带来巨大压力,如陆

① 姜旭朝,王静.美日欧最新海洋经济政策动向及其对中国的启示[J].中国渔业经济,2009(2):23.

源污染对海洋生态系统的影响。《21世纪海洋蓝图》还提出要建立可持续性渔业，以生态系统管理为基础，对海洋哺乳动物、濒危物种、珊瑚礁及其他珊瑚群落实施保护。目前，以生态系统为基础的流域区域管理和海域渔业管理正在成为美国积极推进的海岸带管理政策。①

3）实施措施

美国《21世纪海洋蓝图》报告就沿海地区的环境保护、更有效监测水质状况、减少船只造成的污染、防止外来物种入侵、减少海洋垃圾、实现渔业可持续发展、保护海洋哺乳动物和濒危物种、珊瑚礁保护、加强对海上能源开采和其他矿产资源的管理等提出了近200条具体建议。该报告特别强调，改革政府机构、加大海洋科研投入和加强与海洋相关的教育，对于实现海洋管理方式的转变至关重要。报告为此提出了有针对性的建议，其中包括：设立内阁一级的国家海洋委员会以更有效地对政府机构进行协调；对相关政府机构进行重组和合并；鼓励地方部门组建区域性的海洋管理委员会。②

美国《21世纪海洋蓝图》提出生态系统视角下具体的海洋管理措施：认识海洋的价值和重要性，加强对海洋资源及生态系统的利用和保护。主要内容是对美国30多年来的渔业管理、海洋物种面临的风险、珊瑚生态系统的状况进行评价，提出要建立科学的可持续性渔业，强化渔业管理，提高渔业增殖，减少对渔船的过度投资，加强国际渔业的管理；要评估对海洋种群的威胁，明确对海洋哺乳动物和濒危物种保护的责权，扩大对海洋哺乳动物和濒危物种保护的研究和教育，转向基于生态系统的对海洋哺乳动物、濒危物种进

① 倪国江，鲍洪彤．美、中海岸带开发与综合管理比较研究［J］．中国海洋大学学报，2009（2）：16.

② 秦杰，邹声文．我国海洋环境面临四大压力［N］．新华每日电讯，2004-06-05.

行保护；要对珊瑚生态系统进行评估，加强对美国珊瑚礁资源的管理，促进国际珊瑚礁倡议的实施，提高对珊瑚礁生态系统的认识，对珊瑚礁及其他珊瑚群落等进行保护；要解决环境对海洋水产养殖业的影响，促进国际合作，建立可持续的海洋水产养殖业；要把海洋与人类健康联系起来，最大限度地利用海洋生物产品，减少海洋微生物对地方健康的影响，实施人类健康保护计划；对在美国水域的非生物资源行使管辖权，加强海上油气资源的管理，评估海上甲烷水化物的潜力，开发海上可再生能源，以及加强其他矿产资源的管理[①]。

3.2.2 日本

3.2.2.1 日本海洋生态管理状况

日本四面环海，约50%的人口居住在沿岸地区，国民摄取的动物蛋白40%来自于海洋水产，进出口货物的99%依赖海上运输。海洋对日本的生存和未来发展至关重要。同时，经济迅猛发展、人口急剧增加、海岸带过度开发等导致海洋面临环境恶化、资源减少等诸多问题。

1970年，《自然公园法》修订后，日本开始建立海中公园，相当于海洋保护区。其背景是由于急剧的工业化、经济增长导致严重公害问题，工厂和住宅污水的排放、开发度假村等，导致海中环境显著恶化，而原有的公园制度只是针对陆地而制定的。1970年5月16日，《自然公园法》修正案开始实施后，7月就设立了串本、天草和日南海岸等10个海中公园。到2006年，日本国内有63个地区被指定为海中公园，包括陆中海岸国立公园中的气仙沼、富士箱根伊豆国立公园中的三宅岛、吉野熊野国立公园中的熊野滩二木岛等。海中公

① 焦永科．21世纪美国海洋政策的主要内容［N］．中国海洋报，2005-06-03.

园以保护海中景观为目的，为此，填埋海面、排水开垦、改变海底地形珊瑚、留置物体、排放污水等，必须获得环境大臣的批准。①

3.2.2.2 日本基于海洋生态系统的海洋管理政策②

1）原则

日本颁布的海洋基本法中涉及基于海洋生态系统的海洋管理的一些原则，包括：① 可持续开发利用海洋：必须顾及当代和子孙后代的利益，保护好海洋环境这一维持人类生存的基础。② 实施海洋综合管理：海洋和海岸带是一个相互作用和密切相关的空间，须统筹规划和管理对于影响海洋和海岸带的所有行为和活动。③ 生态系统的管理：须对海洋及其资源进行合理管理。管理工作要考虑构成生态系统各要素间的关系。

2）政策

2005 年 11 月 18 日，日本海洋研究财团向内阁官房长官递交了经过两年多研究后提出的政策建议书——《海洋与日本：21 世纪海洋政策建议》，并于 2006 年 1 月公开发表。该建议书共分四部分，确立了日本海洋立国的总体目标，论述了制定海洋政策大纲、海洋基本法以及建立并完善海洋综合管理体制的必要性和紧迫性，提出了扩大海洋国土管理的具体措施。2006 年 12 月 8 日，日本海洋政策研究财团和日本海洋法研究会同时发表了《日本海洋政策大纲：以新的海洋立国为目标》和《日本海洋基本法草案概要》。具体政策包括了开发、利用、保全和管理专属经济区与大陆架；加强海洋环境的保护、保全与恢复；推进海洋资源的可持续开发与利用；更好地

① 蓝建中．海洋环保——向日本看齐［N］．经济参考报，2010-04-09.

② 朱凤岚．日本的海洋政策与海洋立法及其影响［EB/OL］．http://iaps.cass.cn/xueshuwz/showcontent.asp?id＝1079，2015-5-23.

利用和管理海岸带等涉及生态系统管理的综合性海洋管理政策。

2007 年 4 月 20 日，日本国会审议通过了《海洋基本法》。该法于 2007 年 7 月 20 日正式实施。制定本法的目的是：确定海洋的基本理念，明确国家、地方公共团体、企业及国民的职责，制定海洋基本计划及其他有关海洋政策的基本内容，促进日本经济社会的健康发展和国民生活的稳步提高，并为海洋与人类的共存做出贡献。在开发利用海洋和保护海洋环境之间保持平衡。

3）实施措施

（1）推进海洋环境、海洋生态系统和生物多样性保护、保全与恢复。

根据《联合国海洋法公约》的规定，日本有义务保护和保全包括专属经济区在内的所有海洋环境。日本海洋基本法的指导方针应包括积极开展基于生态系统的管理和贯彻预防为主原则等内容。日本的环境基本计划和生物多样性国家战略已体现上述理念，但在具体实施上仍存在问题，如河道、防沙、海岸、港湾、海洋、渔业等仍实行部门分割管理，缺乏统筹和综合管理。

目前，日本的环境影响评估制度是以陆地和部分沿海地区的开发活动为对象。为履行海洋环境保护、保全和恢复义务，应尽快采用战略评估方法，扩大环境影响评估对象，强化海洋利用行业法规对策，构建新的环境影响评估体系。对海洋，尤其是封闭性海域的环境管理，不能仅局限于水质调查，应引入综合检测评估体系，对海洋状况进行连续监测与评价。采取措施最大限度地保护海洋生态系统和生物多样性，国家应积极组织有关技术研究工作。

（2）推进兼顾海洋生态系统的海洋资源开发。

日本陆地资源匮乏，海洋资源开发是其最重要的课题。在开发这些资源时，有责任和义务保护、保全和恢复海洋生态系统。

作为水产品消费大国，不仅要合理保护和管理管辖海域的生物资源，还要在合理保护和管理全球海洋生物资源方面做贡献。海洋微生物和基因资源对日本和全人类都是有益的，应进一步推进有关的研究和开发。在加强开发勘探海底石油和天然气等资源的同时，应把研究与开发海床、底土和海水中的非再生资源提上议事日程。

合理管理捕捞活动对渔业自由竞争引发的诸多问题，如渔获量过大、渔民争先捕捞大型鱼类、捕捞装备能力过剩、渔船过于集中在某些渔场以及对渔业整体投资不合理等。过度捕捞导致资源枯竭，因此应建立合理的管理制度，有效遏制由于竞争造成的掠夺式资源开发。

同时加强保护世界渔业资源的措施。“非法、未报告和未经管理”（IUU）的捕捞活动导致世界渔业资源减少和枯竭。作为水产消费大国，日本应准确掌握进口水产品的实际状况，强化进口管理，开展对国内消费者的宣传教育活动。

促进能源和金属矿物资源的开发。在开发海底石油、天然气、可燃冰和深海底矿物资源时，应兼顾海洋生态系统。须制定战略性计划，绘制资源分布图，研究深海底开发的环境影响评估方法，发展兼顾生态系统的资源开发技术。

（3）加强海岸带综合管理系统建设。

日本已经通过修订海岸带法和制定海岸带综合管理指导方针，明确提出了以地方公共团体为主的海岸带管理构想。2005 年 7 月出台的《国土形成规划法》，明确规定将海域利用和保护作为国土形成计划的组成部分，同时明确了反映地方公共团体意见的机制。

海岸带管理采用全方位综合管理模式，进一步构建海岸带综合管理系统。其具体措施包括：

构建以地方为主体的海岸带管理系统。实行以地方为主体的海岸带管理时，须根据各地实际情况划定适当规模的海岸带范围并制订管理计划。由于情况不同，各地区的政策优先顺序也各异，不必制订统一的管理计划。

与流域管理加强合作。为解决海岸带存在的各种突出问题，必须认清森林、河流、海洋和天空等水循环的重要性，保护和恢复健全的水循环系统，控制人为排放磷和氮，应将过去各行业分别管理河流、泥沙和海岸的格局转变为统一管理。为此，应进一步加强与流域管理工作的合作。

建立特定封闭性海域的综合管理体制。日本的封闭性海域，即三大湾和濑户内海，存在着各种环境问题和利用问题。由于利害关系交错复杂，涉及都道府县和众多政令指定特殊城市，对这些海域实施综合管理难度较大。因此，国家应主动同地方公共团体一道共商对策，同时，可考虑设置第三方管理机构，实施保护和利用一体化管辖。

3.2.3 欧洲

3.2.3.1 欧洲主要海洋国家的海洋生态状况

欧洲船运公司控制着世界上约40%的船队，而欧洲沿海地区是旅游业等相关产业的一笔财富。据统计，欧洲大陆共有7万千米海岸线，欧盟28个成员中有22个临海，40%的人口居住在沿海地区，海洋为500万人提供了就业机会，创造了欧盟GDP的40%。自2007年10月起，欧盟委员会开始设计欧盟统一海洋政策，就海洋研究、港口发展、沿海地区发展和设立无障碍海运区等提出政策建议；在气候变化领域，欧盟致力于保护海洋生物多样性，欧委会已投入5亿欧元用于发展海上风力发电。

目前，欧洲沿海地区环境同样面临着巨大压力。

3.2.3.2 欧洲主要海洋国家基于海洋生态系统的海洋管理

1）具体政策

2005年10月，欧盟委员会发表了《海洋环境保护和养护主题战略》以及一项指令草案，奠定了未来欧盟海洋政策在环境方面的基石。这两项文件的目标是保护和恢复欧洲的海洋环境，确保可持续地开展人类活动。该战略介绍了生态系统管理方法，阐述了保护海洋生态体系必不可少的行动方案，概述了其他环境举措的协同增效，包括气候变化、保护与恢复生境和物种以及沿海区综合管理。对于将渔业、陆上人类活动、海洋安全、有关海洋生态体系的研究活动以及工业垃圾和生活垃圾问题纳入战略，规划了继续作出的努力。此外，该战略强调同区域海洋公约和第三国的合作至关重要。2006年，欧盟委员会发表关于未来海洋政策的绿皮书。这份文件旨在确定统筹全面的海洋政策，借助科学研究，以有效管理海域的综合利用，支持其增长潜力而不损害海洋生态体系。①

除了欧盟委员会，欧盟内部也制定了一系列立足于生态系统的海洋管理政策，譬如瑞典和英国等国家。

瑞典关于防治海洋污染产生的海洋生态安全问题的立法，大致可分以下四类：一是综合性的环境保护法。这类法规对生态环境的保护及各类污染源的控制，作了全面的规定，既适用于陆地，也适用于海洋生态环境。属于这一类的法规有：《自然保护法》（1964年）及《自然保护法令》（1976年）、《环境保护法》和《环境保护法令》（1969年）、《水法》（1918年）等。二是有关船舶的法规。这类法规主要有：《防止船舶造成水污染措施法》（1972年）、《油污损害赔偿责任法》（1973年）、《防止船舶造成波罗的海水污染措施法》（1976

① 生态系统方法与海洋，摘自联合国秘书长2006年3月9日有关海洋问题的报告［EB/OL.］http://china-isa.jm.china-embassy.org/chn/xwdt/t257774.htm，2015-4-28.

年)、《关于防止船舶造成水污染的法律》及其法令(1980年)。三是有关倾废的规定。主要是《禁止海上倾废法》(1971年)。四是其他法规。例如,《关于有害废弃物的法令》、《建筑法》(1981年)也涉及海洋生态安全保护问题。瑞典参加的防止北海和波罗的海污染的区域性公约有:《防止陆源物质污染海洋的公约》《防止船舶和航空器倾倒废弃物造成海洋污染公约》《关于海上作业引起的油污损害民事责任公约》等,瑞典还参加了《防止北海石油污染的协定》。①

英国属于普通法系国家,作为普通法系的发源地,其主要法律渊源是判例法,因此,英国没有综合性的海洋生态安全方面的基本法和政策。英国的环境立法主要是单行法的形式,但是,也不乏涉及海洋生态安全问题的成文法。英国于20世纪70年代开始,制定了一些防止海洋污染产生的海洋生态安全问题的成文法,《1974年污染控制法》是有关海洋生态安全问题的综合性的法典,其他一些有关领域的专门法律主要有《油污染防治法》(1971年)、《商船油污防治法》(1971年)、《公共一般法和措施》(1971年制定、1972年修订)第二篇第五十九章、《大陆架法》(1964年)第二十九章、《海洋倾废法》(1974年)。

2)实施措施②

2002年10月11日欧盟委员会提出了具有积极意义的保持水域生态系统平衡的新方法,进一步促进对水域资源的可持续利用。作为一项综合的政策措施,该方法中提出了14个远景目标以及为了达到这些目标要实施的具体步骤。欧盟委员会的这项举措也是为了履行在约翰内斯堡的可持续发展世界高峰会议上所达成的与

① 王秋实.我国海洋资源安全法律制度探析[D].哈尔滨:东北林业大学硕士论文,2010.

② 张式军.海洋生态安全立法研究[J].山东大学法律评论,2004(1):99-109.

渔业相关的协议。另外,新方法与欧盟委员会关于改革现行渔业政策的建议也是密切相关的。

海洋水域生态系统正面临着来自人类的巨大压力,捕捞、装卸、有毒物质和营养物质排放、海上运输以及沿海地区开发等都影响着水域环境质量,欧盟委员会建议的新方法中列出了14项远景规划目标,明确了23个行动要点。主要包括了:停止生物多样性下降的局面,运用生态系统学方法,通过保持自然栖息地来确保生物多样性的可持续利用;改变渔业管理方法,增加鱼储量,确保渔业在欧盟及全球的可持续发展;消除危险物质的污染;到2020年,防止放射性物质的污染;消除由于人类活动而造成的水体富营养化;杜绝垃圾污染;杜绝非法油烃类物质释放,到2020年杜绝所有油烃类的释放;通过"环保型船舶"理念的发展,减少由于海运而造成对环境的影响;在避免对人类健康构成威胁的前提下提高海洋食品的质量;履行旨在减少温室气体的《京都议定书》中的规定;不断积累经验,以便于水域保护政策的制定。

行动要点提出的各项活动,既可单独进行也可联合其他国际组织共同开展。这些活动主要是:细化出台一种以生态系统观念为指导的方法,确保水域资源的综合管理;制订行动计划,对压舱水进行适当管理,防止外来物种侵入的事件发生;推动制定综合项目,以监督来自波罗的海的呋喃和二噁英污染;推动制定对于欧洲地区海域的水体富营养化状态的全面评估方法;改进对油烃类非法排放的监督;开发用于鱼类和甲壳类动物体内污染物水平控制的更先进、更全面的评判标准;推进欧洲地区各种海洋保护组织之间的更有效合作;确保现行政策法规更有效地实施。①

---

① 宁波,边黎明,郑卫东. 水产伦理问题的产生及其遵循原则[J]. 中国渔业经济,2008,12(6).

3.2.4 越南、印度尼西亚、马来西亚、菲律宾等东南亚国家

3.2.4.1 东南亚国家的海洋生态状况

东南亚各国经济的快速发展也给南海沿岸地区的海岸带生态系统和海洋环境带来巨大的压力和日益增加的区域冲突。目前南海已表现出较严重的生态问题:海洋渔业捕捞过度,生物资源急剧减少;经济发展给海洋环境带来极大的负面影响;缺乏规划的围海造地破坏着成千上万公顷的鱼类繁育场所,尤其是河口地区更为严重,珊瑚礁、红树林屡遭破坏,取而代之的是鱼塘虾池或者围垦成港口、工业开发区;局部自然生态脆弱,自然生态受破坏后,明显降低了净化陆源污染的能力,也使大批海洋生物失去了栖息场所,导致种群的衰退;海洋环境污染加剧,损失触目惊心,工农业废水和城市污水的迅速增加,导致水质下降和沿海自然生态系统的损害。历史上曾经大量存在的沿海和海洋野生生物,如鲎、儒艮、水鸟和海龟等由于直接被捕食或生态环境的损失几乎从自然环境中消失。

综合来看,南海的环境污染源主要有三种:一是环南海周边各国陆源污染,即各国排入南海的废物、废水等;二是在开发南海海洋资源的过程中引起的环境污染,如对海底油气、矿产资源的开发所造成的污染;三是航行于南海的大量船舶所造成的污染,尤其是一些船龄很老的油轮尚在使用,不可避免地对南海环境造成不同程度的污染。南海是最繁忙的国际航道之一,目前每天约有来自世界各国的400艘装运各种物资的船舶穿梭其间。每年经过南海运输的货物、石油、液化石油气等分别占世界货物贸易总量、石油运输总量和液化石油气总量的1/3、1/2和2/3,同时南海周边对南海资源的开发和利用也在持续加强。此外,不合理的海洋工程的兴建和海洋开发,使一些深水港和航道淤积,局部海域生态平衡遭到破

坏。①

3.2.4.2 东南亚国家基于生态系统的海洋管理

马来西亚是东南亚海洋国家中海洋生态系统较为丰富、开展基于生态系统的海洋管理较早且较具有代表性的国家之一。本节以马来西亚为例，对东南亚国家基于生态系统的海洋管理实施情况进行介绍。

1）海洋生物多样性管理

禁止使用炸药、毒药、电捕设备或其他禁止使用的渔具杀鱼或捕鱼，禁止转运、拥有或控制炸药、毒药或其他禁止使用的渔具，禁止捕捞禁捕鱼种；禁止在马来西亚水域捕捞、干扰海洋哺乳动物或海龟，在捕捞作业过程中若意外捕获海洋哺乳动物或海龟，立即放回海中或向渔业部门报告；禁止故意破坏渔船、鱼栅等渔具或海水养殖系统，禁止破坏或丢弃鱼、哺乳动物、海龟、渔具、炸药、毒药或其他禁用渔具，以毁坏违法证据；禁止未经渔业局局长允许在马来西亚渔业水域内的海洋公园或海洋保护区捕捞任何动植物，或拥有任何动植物，不管是死的还是活的；禁止在海洋公园或海洋保护区采掘沙石，抛锚任何船舶；禁止使用未获得许可证的任何渔船、鱼栅等渔具捕鱼。②

马来西亚对8个海龟产卵场都进行了保护。沙捞越州的Talang-Satang岛国家公园的海龟保护区由3个小岛组成，在该保护区有4种海龟到此产卵，分别是绿海龟、丽龟、玳瑁和棱皮龟，其中90%为绿海龟。每年6～7月，有200多只海龟到此产卵，海龟卵的

① 唐茂林．对南海环境污染防治的法律思考［J］．河南省政法管理干部学院学报，2009（1）：168-169.

② 曹世娟，黄硕琳．马来西亚的渔业管理与执法体制［J］．中国渔业经济，2002，2（1）：46-48.

数量大约是20万个。海龟保护区实施的主要保护包括：研究海龟的洄游生态，人工孵化海龟蛋，保护海龟产卵场周边的生态环境，开展海龟保护志愿者活动等。

2）海岸带管理

马来西亚的传统海岸带管理以学科为基础，实施常规的行业规划、行业管理法，这种方法不足以解决海岸带过度开发、环境恶化、资源与利用之间的矛盾日益严重等越来越复杂的问题，因为海岸带管理具有多重性，可能有赖于多学科综合解决。这样的管理和规划法是一种全面综合法，其宗旨是在综合的框架内协调行业管理部门的要求与地方居民的利益。

为执行东南亚国家联盟—美国合作项目，马来西亚在1991年制订了海岸带资源管理试行计划，并把柔佛州南部地区作为执行该项目的试点。该项目还建议在马来西亚全国实行综合的海岸带资源管理，以促进海岸带资源的持续协调开发。根据上述建议，马来西亚政府总理办公室的经济规划局成立了海岸带资源管理政策部门规划组。该规划组负责评估海岸带资源状况、现有管理问题及规划过程及现有海岸带资源管理系统的法律和机构设置等工作。

3）海洋环境管理中的问题

一是缺乏统一管理的中央机构。针对全国范围内大规模的海洋污染问题，马来西亚还没有一个拥有完全处理权力的机构，管理权分散在联邦政府和各地方政府之间及政府各利益部门之间。中央联邦政府的环境与自然资源部主要是管理处理工业排放造成的污染，其职能范围局限在内陆水域。对一些入海河流，环境与自然资源部仅拥有有限的管理权，而这些河流成为导致沿海岸环境污染的主要通道。对于专属经济区海洋污染事件，环境与自然资源部无权处理。另外，环境与自然资源部也没有权力处理海岸带栖息地退化、生物多样性减少以及对珊瑚礁的不利影响等问题。

二是海洋环境监测能力不足。马来西亚海洋环境的监测任务一般由海上执法机构承担正常的空中监视时承担。目前还没有制定一个专门的国家的全面监测方案和计划，以应对其近海水域及专属经济区内发生的重大污染事故。

三是红树林生态系统遭到破坏。马来西亚现存的红树林只有57万公顷。目前，马来西亚红树林由当地的省政府拥有，其中的许多红树林已经被用于开发活动，面临着很大的威胁，甚至会消亡。2005年，在红树林恢复专门委员会的领导下，九个省开展了红树林恢复活动，但由于将造林承包给私人企业，恢复效果不大理想。2009年5月15日"珊瑚金三角"六国高峰论坛在印度尼西亚万鸦老举行，印尼、菲律宾、马来西亚、巴布亚新几内亚、所罗门群岛和东帝汶六个倡议国的领导人与会，并签署了领导人宣言和区域行动计划，注资保护"海中亚马孙雨林"。①

3.2.5 其他主要海洋国家

美欧日等海洋强国与地区，海洋管理政策较为成熟，并且也较早地采用生态系统管理的方法进行海洋管理政策的制定。与此同时，其他海洋国家也开始在海洋管理中加强了对生态系统的重视。

3.2.5.1 加拿大②

加拿大是北美主要的海洋国家。加拿大政府从20世纪70年代开始关注海洋，2002年，制定了《加拿大海洋战略》。其海洋管理工

① 孙天仁．六国携手拯救"珊瑚金三角"[N]．人民日报，2009-05-17.

② 刘洪滨，倪国江．加拿大海洋事务研究[M]．北京：海洋出版社，2011：81-83.

作要点可以概括为：坚持一个方法，即在海洋综合管理中坚持生态系统方法；重视两种知识，即现代科学知识和传统生态知识；坚持三项原则，即综合管理原则、可持续发展原则和预防为主原则；实现三个目标，即了解和保护海洋环境，促进经济的可持续发展和确保加拿大在海洋事务中的国际领先地位；加强四种协调，即政府各部门之间的协调，各级政府间的协调，政府与产业界的协调以及政府、产业界和广大公众间的协调。

在基于海洋生态系统的海洋综合管理方面，加拿大在将保护和维持海洋环境作为加拿大海洋可持续发展关键的基础上，通过健全法律规范、实行合作管理、鼓励民众参与、实施预防与生态系统管理方式、加强海洋保护区建设等途径，形成了较完善高效的海洋管理框架，为促进海洋经济、社会与环境的协调发展提供了重要保障。

1）联邦与地方政府间的合作管理机制

在海洋管理领域，由于海洋环境的复杂性及关联性，加拿大海洋管理动议大部分都建立在合作的基础上。不同的部门与机构具有各自不同的资源优势和管理能力，合作管理不但能实现优势互补，发挥资源的整体优势，还能有效避免部门冲突，最大限度地发挥海洋管理的社会经济效益。加拿大环境部长理事会就是一个典型的部门合作协调机构，它由联邦与省、自治区的14位环境部长组成，共同对重大环境问题进行协调和沟通。

2）公众参与和合作的规划机制

加拿大海洋管理决策中的公众参与和合作体制离不开联邦、省、自治区及地方政府和原主居民组织的制度化参与，更重要的是，沿海社区、行业组织、非政府组织以及学术团体等广泛参与对于联邦及地方海洋环境保护政策的执行具有决定性的影响。

3）先进的海洋管理办法

加拿大生态系统管理的实施始于海洋生态区的确认与划分过程，并依据生态系统原则针对不同的海洋生态区选择不同的管理目标和参照点以及相应的管理措施来实现其生态系统目标。由于生态系统并不遵守政治或管理边界，合作规划与系统管理理念非常重要。加拿大海洋环境管理采用生态系统管理背景下的海洋环境质量（MEQ）管理体系，通过设定大海洋管理区（LOMA）尺度的生态系统管理目标，并依照加拿大《海洋法》，将生态系统目标作为区域海洋综合管理与海洋保护区划中的海洋环境质量目标来实施，从而实现海洋生态系统与人类利用目标的协调与平衡，避免海洋开发与海洋环境保护之间的矛盾。

同时，加拿大通过一系列法律及相关政策的实施，试图将预防性方法更广泛地应用于海洋管理。加拿大政府已经制定了一个“基于科学的风险决策预防性应用框架”，并将预防性原则纳入《环境评估法》。预防性方法已经成为加拿大海洋生态环境，包括海上及陆源污染以及海洋生物多样性保护管理中常见的基本原则之一。

3.2.5.2 澳大利亚[①]

在统筹全国海洋产业协调发展的过程中，澳大利亚非常重视对海洋生态系统安全的保护，自 1990 年至今，澳大利亚制定了一系列的海洋产业发展战略，其目的是统一产业部门和政府管辖区内的海洋管理政策；为保证海洋的可持续利用提供一个框架；为规划和管理海洋资源及其产业的海洋利用提供战略依据。1998 年 3 月，澳大利亚发布了《澳大利亚海洋政策》，成立了“国家海洋办公室”。该

① 吕彩霞．世界主要海洋国家海洋管理趋势及我国的管理实践［N］．中国海洋报，2005-10-11.

办公室作为澳大利亚国家海洋部长委员会的办事机构，负责实施海洋规划，协调各涉海部门的矛盾，以加强对海洋的统一领导。针对澳大利亚国内现有海洋开发利用活动，联邦政府或州政府也都制定了相应的法律法规，目前已出台多部海洋法律。澳大利亚海洋产业和科学理事会(AMISC)认为高水平的海洋研究能力是海洋产业繁荣的坚实基础。但同时，AMISC为澳大利亚海洋产业的发展指出了一些重要问题，海洋产业要保持进一步增长，必须做到以下两点：国际竞争能力；生态可持续发展。同样体现出海洋管理中生态系统安全的重要性。

3.2.6 世界主要海洋国家和地区基于生态系统的海洋综合管理政策的启示

3.2.6.1 确立基于生态系统的海洋管理理念

世界主要海洋强国在海洋发展历程上大都是"先污染、后治理"的模式，海洋管理政策也是从注重海洋资源最大化开发、海洋产业经济效益最大化布局等经济效益为主的模式过渡到以社会、生态效益为重心的海洋管理模式。在传统的海洋管理政策下，海洋生态环境往往伴随着经济的发展而不断恶化，对海洋生态保护的意识非常薄弱，而海岸区域大规模工程项目的开发建设，滨海湿地大量减少，给海岸带环境带来巨大的破坏；临港工业排放的有害物质、溢油以及化肥、农药、海水养殖等污染影响，沿海河流和港湾存在中度或严重富营养化问题；由于过度捕捞和环境污染所带来的生态结构和海洋生态系统多样性的严重变化。

海洋管理的一个重要前提应是保持生态系统的功能完整性，同时允许使用系统提供的产品和服务。基于生态系统的海洋管理不同于传统的海洋管理，其融入了可持续发展观念和生态系统管理方法，更加注重生物多样性和海洋环境保护。从上述国家海洋管理经验的变迁来看，基于生态系统的海洋管理是一种可持续发展的管理政策，更能实现人与自然的和谐共处。

3.2.6.2 重点解决影响海洋生态系统管理的关键问题

在海洋管理中，制约基于海洋生态系统的海洋管理实施的主要因素包括：政治、社会方面，即缺乏远景规划和有效执行管理制度的政治意愿等；与机构、技术和能力有关的方面，即海洋管理机构权力不足，难以发挥作用，管理成分模糊不清，缺乏允许或确保横向融合的机制，存在利益冲突或重叠的不协调的众多机构；与经济、政策和财政资源有关的方面，即未认识到生态系统的价值或海洋管理可带来的收益，资金与需求不相称导致供资水平不当；协作、合作方面，即缺乏用以协调任务的相似或重叠的机构或机制等；法律、司法方面，即对现有的有关海洋管理的法规缺乏综合分析，法律和规章用语模糊或相互矛盾，法律和规章的协调程度和预算拨款执行条款不足，未使用争端解决机制妥善解决问题等。①

发达国家在推动海洋管理变革过程中非常重视对这些核心问题的解决，在政策制定中，重点解决影响基于海洋生态系统的海洋管理实施的多个关键问题，从而从根本上改善海洋管理的实施条件，保证了海洋管理改革的有效推进。

3.2.6.3 注重相关配套措施的完善

基于海洋生态系统的海洋综合管理，作为一种全新的管理模式，不同于传统的海洋管理，它追求的是一种统一协调的管理方式，要求所有涉海部门能够在政策执行过程中打破部门壁垒、采取联合

① 王琪，王刚，等．变革中的海洋管理［M］．北京：社会科学文献出版社，2013：129.

行动。要达到这样的目标，就必须克服基于行业分散管理的部门分割、政出多门的传统海洋管理体制。通过对发达国家海洋管理政策的分析，可以发现：树立新的海洋管理观、确立新的海洋管理模式、采取新的战略途径需要从海洋公共事务的本质出发，对海洋事务的整体采取全面整合的策略。这就需要围绕统一协调的根本目标，在政策制定、机构整合、制度设计等多个方面，采取一系列相关措施，共同配合、相互协调的推进基于海洋生态系统的海洋综合管理实施。其中在政策整合方面，应以整体海洋观为指导，明确生态系统管理的目标，通过制定新的海洋政策，确立新约海洋管理模式。在机构整合方面，通过采取强化海洋管理机构建设的做法，把分散的海洋管理职能整合到负责海洋综合管理的行政机构中，在制度建设方面以完善海洋管理的法律制度为主线，把海洋资源开发行为严格纳入到海洋管理的框架。

3.2.6.4 强调海洋协同管理机制的建设

在海洋管理的实践中，传统的基于部门的资源管理方式，由于缺乏协调和对海洋管理目标缺乏统一认识，会导致部门间的冲突，影响海洋管理的有效实施。从各国的经验来看，建立旨在有效执行海洋管理的协商进行与协调机制，是应对传统海洋管理模式不足，推进基于海洋生态系统的海洋综合管理实施的重要方式。这些方式主要有：通过国家、区域和地方各级相关管理机构会议，以解决纵向融合问题；通过召开强制性定期部门间会议，确保协调不同任务，以解决横向融合问题。从世界范围来看，海洋生态系统管理同其他公共行政领域相比，其复杂性更为突出，管理任务也更为繁重。任何一个机构都很难单独应对海洋生态系统的复杂性，因而需要建立协同行政机制，从而促进海洋管理不断向前发展。

综合前文所述，海洋发达国家在海洋管理中取得的成就，其原因主要是政府、产业部门和广大民众对海洋的关注和重视，有正确的理念和长远的海洋战略规划，有最高层次的国家海洋政策和地方政策，有相对完善的海洋管理体制和政府涉海部门、各涉海行业间的职责分工合作，以及公众的积极参与，同时重视法律体系建设和执法队伍建设，严格执行法律程序，注意加大对海洋的投入，在发展经济的同时注重保护海洋环境和资源。[①] 以美国为例，美国的海洋管理并非照搬一个固定的模式，而是根据不同海洋区域自身的特点制定相对应的管理方法和模式，美国政府在对海洋区域进行管理的实践中始终不忘解决以下四个问题：① 区域基础，如自然地理、人文、行政问题等；② 问题类型，重点表现在共有的或共同的区域问题；③ 解决方法，即是“自下而上”还是有联邦政府领导解决；④ 区域机构，即是否已经成立。[②]

① 鹿守本．区域海洋管理通论［M］．北京：海洋出版社，1997.

② 王琪，王刚，等．变革中的海洋管理［M］．北京：社会科学文献出版社，2013：131.

4 我国基于海洋生态系统的海洋综合管理实施情况研究

4.1 目前我国海域开发与保护管理的主要模式

4.1.1 舟山群岛新区的海洋开发保护新模式

2011年7月，国务院正式批准设立浙江舟山群岛新区，这是我国首个群岛新区，也是继上海浦东、天津滨海和重庆两江后第四个国家级新区。

浙江舟山群岛新区范围为舟山市现有行政区域范围，包括舟山1390个岛屿，陆域面积1440平方千米、内海海域面积2.08万平方千米。功能定位为浙江海洋经济发展的先导区、海洋综合开发试验区、长江三角洲地区经济发展的重要增长极。舟山群岛新区的设立是我国海洋开发保护新模式的探索。在舟山群岛进行海洋海岛开发并举的综合性先行先试，有助于探索一条兼顾海洋开发与保护、海洋科技创新、陆海统筹和谐发展的道路，为我国今后建设各类海洋综合开发基地积累经验。通过利用区位条件优势、海洋资源优势和现有海洋产业基础，逐步将舟山群岛新区建成我国大宗商品储运中转加工交易中心、东部地区重要的海上开放门户、海洋海岛综合保护开发示范区、重要的现代海洋产业基地、陆海统筹发展先行区。

开发舟山群岛新区,有可能在统筹布局、协调发展的前提下,在一个相对独立且完备的海洋环境里探索可持续的发展模式。同时,随着我国海岛开发逐步常态化,相关科研水平与发达国家的差距更加突出。舟山群岛已经开始实施的一系列综合开发试验将有望解决这一燃眉之急,并促进试验成果就地转换。由浙江大学与舟山市政府共建的国内首个"海洋科技岛"已在舟山摘箬山岛兴建。建设项目包括海洋科教实试基地、海上技术公共试验场、海洋科技示范与成果转化基地等。在初步建成后,其将向全国高校科研院所、相关企业开放并提供相关的试验技术支撑服务。

4.1.2 广东省的三大海洋保护开发带

4.1.2.1 广东省三大海洋保护开发带

广东省在针对海洋生态系统的可持续发展管理方面,依托不同海域的自然条件、资源禀赋和开发潜力,对海洋资源由近及远、梯次开发,形成了海岸带、近海海域(含海岛地区)和深海海域三大各具特色的海洋保护开发带,以实现优化海洋开发格局、拓展海洋经济发展空间、提升海洋资源保护开发水平、促进海陆统筹发展的总体目标。

4.1.2.2 转变发展方式,实现集约用海

1)海岸线:实现岸线资源可循环利用

广东省在大力发展海洋经济的同时,也加强了岸线的利用和保护,科学规划工业与城镇建设、港口建设、滨海旅游、生态环境保护等岸段类型。

2011年,广东省制定实施了《广东省海岛保护与利用规划》,确

定了海岛的保护和规划原则，推动60个无居民海岛列入了全国首批开发利用无居民海岛名录，成为全国最多的省份。

针对近岸海域生态问题突出，广东省尝试用海域使用金来恢复此前遭受破坏的生态，广东全省已经有8个生态补偿试点项目，并将利用各个项目上交的海域使用金来恢复海洋生态。

2）近海海域：控制近海捕捞强度，加快海洋牧场建设

近海是人类利用和开发最多的海洋资源，存在过度开发的问题。

为实现海域和海岸资源利用的保护治理与开发利用并举，做到发展海洋经济与保护海洋环境协调统一，确保海洋资源和环境的可持续发展。

广东省在《广东省海域开发利用与保护总体规划纲要》中，对近海海域确定了重点发展现代海洋渔业、滨海旅游、海洋运输等产业，大力开发海洋可再生能源。适度控制近海捕捞强度，加快海洋牧场建设。其中，海洋牧场的研究、开发和应用方面，从2009年开始，湛江市开始通过吸引民间资本建设海洋牧场，将63万尾鱼苗、1000万尾对虾苗和2.5万千克巴非蛤贝苗投放到人工鱼礁区海域，以试图发展中深海域养殖业，解决海洋养殖与城市发展和工业建设争海的瓶颈问题。

3）深海海域：开发海洋资源必须从浅海走向深海

深海海域的海洋生物、海洋矿产资源丰富，开发前景广阔，是实施海洋经济综合开发的重要区域。

这一部分海域，是广东省发展海洋经济的重要方向所在，今后的海洋经济必定要走向“深蓝”。这就需要大力发展深海技术，加大深海油气资源勘探开发力度，拓展深海产业，积极发展深水渔业。

近年广东省还不断发展深海养殖产业，探索出一条深水网箱养鱼的新路子。目前广东已在湛江、珠海、饶平等海域建立起深水网箱养殖示范基地，投入生产的深水网箱近百组。深水网箱的规模化，意味着广东海洋渔业发展呈现新的转变，从浅海迈向深海。

4.1.3 我国在填海工程管理中的生态补偿机制

填海造地是沿海地区缓解土地供求矛盾、扩大社会生存空间和发展空间的有效手段，具有巨大的社会和经济效益。因此，许多沿岸的国家和地区，尤其是人多地少问题突出的城市和地区，都对填海造地工程非常重视。例如，日本、荷兰是世界上填海造地较多的国家，日本新造陆地面积在1500平方千米以上；荷兰有1/5的国土是从海洋中围起来的。我国也是填海大国，据不完全统计，在1950～2002年，我国已经实施围填海面积约119万公顷，相当于现有滩涂面积的55%。[①]尤其近年来，随着我国陆域土地使用限制较为严格，越来越多的沿海城市实施填海造地，用以增加本区域土地面积，发展区域海洋经济。2012年10月16日，国务院统一公布沿海地区七省一市（河北、辽宁、江苏、浙江、福建、山东、广西、天津）的《海洋功能区划（2011—2020）》（下称区划）批复，七省一市共获得建设用围填海指标面积超过21万公顷。相比于其他用海方式如养殖用海而言，填海造地属于永久性改变海域自然属性的用海方式，会对海域资源及海洋生态环境造成不可逆转的破坏，导致海洋生态系统服务功能的丧失。针对填海造成的严重生态危害，我国相继实施的《中华人民共和国海域使用管理法》和《防治海洋工程建设项目污染损害海洋环境管理条例》《关于加强区域建设用海管理工作

① 刘霜，张继民，唐伟．浅议我国填海工程海域使用管理中亟须引入生态补偿机制[J]．海洋开发与管理，2008（11）：34-37.

的若干意见》等从法律法规上都对填海造地用海进行了相应规定，在一定程度上减少了填海工程对海洋资源和生态环境造成的影响。

生态补偿是20世纪中期以来，一些国家或地区为了解决经济和社会发展中产生的资源枯竭、生态破坏等环境问题而采用的一种经济补偿手段，在协调经济发展与生态平衡方面发挥了较大作用。目前，我国生态补偿的研究主要集中在对其含义、法规、制度和模式等的理论研究和实践探索阶段。我国的生态补偿制度化最先始于环保政策，在2000年国务院颁布的《生态环境保护纲要》中首先明确地提出了要建立我国的生态补偿机制，主要体现在防护林体系建设中，随后逐渐拓展到土地、森林、草原、渔业、矿产、动物保护和自然保护区域等领域。生态补偿模式也从补偿制度法制化、补偿主体行政化、补偿手段市场化、补偿标准科学化、补偿方式多样化和补偿管理规范化六个方面建立这一新型环境管理模式。经过长期的环境管理实践，我国许多行之有效的管理制度都体现了生态补偿理论的特征和要求。例如，《中华人民共和国环境保护法》中的排污收费制度、《中华人民共和国海洋环境保护法》中的污染损害赔偿规定和《中华人民共和国海域使用管理法》中的海域使用金征收制度等，都已经表明生态补偿机制在某种程度上得到了应用，只是还缺乏对该制度的理论分析和精确设计。

4.1.4 我国的海洋生态修复工作

4.1.4.1 海洋生态修复的定义及内涵

海洋生态修复是指利用大自然的自我修复能力，在适当的人工措施辅助作用下，使受损的生态系统恢复到原有或与原来相近的结构和功能状态。按照生态修复措施的人工干扰程度，一般将海洋生态修复划分为三大类，即自然生态修复、人工促进生态修复及生态重建。自然生态修复是利用相应的措施消除压力，降低生态系统退化的速度，从而使生态系统恢复。人工促进生态修复是在生态系统自我修复能力的基础上，结合物理、化学、生物等人为干扰措施促进生态系统的恢复。[①] 当生态系统完全退化或丧失时，采用相应的措施重建新的生态系统的过程叫作生态重建，还包括重建某区域没有的生态系统的过程。

生态修复是生态系统自我恢复、发展和提高的过程，在生态修复中，生态系统的结构及其群落由简单向复杂、由单功能向多功能转变。生态修复并不是对某个物种的简单修复，而是对生态系统的结构、功能、生物多样性和持续性等进行的全面有效恢复，因此生态修复过程应该尽可能地减少人为的干扰措施，让生态系统的自然调节、恢复和进化功能充分发挥。

4.1.4.2 我国典型的海洋生态系统修复

我国有关海洋生态修复的研究主要集中于红树林修复、富营养水体污染生态修复及少量滨海湿地、海岸沙滩修复工程等。与国外相关国家相比，国内海洋生态修复的研究还比较薄弱，主要表现在以下两个方面：① 从研究对象上看，主要集中在红树林种植、污染水体的修复，而对其他海洋生态系统类型、生态问题的修复研究比较少；② 从生态修复的尺度来看，主要集中于对单个生态系统、群落或物种的修复，目前尚未开展区域或大尺度的海洋生态修复的研究与实践活动。

---

① 姜欢欢，温国义，周艳荣，吕则和，谢冕．我国海洋生态修复现状、存在的问题及展望[J]．海洋开发与管理，2013（1）：35-38.

1）红树林生态修复

由于人为的干扰和破坏，我国红树林面积锐减，残存的红树林中有许多处于退化状态。中国红树林的总面积在历史上曾达25万公顷，1950年约为4.2万公顷，2001年为2.28万公顷，总体上，中国红树林面积在急剧萎缩。2001年，中国各主要省份红树植物面积由大到小排序依次为：广东省（9084.0公顷）、广西壮族自治区（8374.9公顷）、海南省（3930.3公顷）、福建省（615.1公顷）、香港特别行政区（510公顷）、台湾省（278公顷）、浙江省（19.9公顷）、澳门特别行政区（60公顷）。①

近年来，红树林的保护引起了足够的重视，相继建立了多个红树林自然保护区，如深圳福田国家自然保护区、淇澳红树林保护区、湛江红树林国家级自然保护区等，相继种植了大面积的红树林。但是，我国红树林的人工种植仍然存在不少问题，主要是造林成活率低下。红树林生态修复是我国海洋生态修复研究与实践较多的生态修复类型之一，在生态修复技术上已有较为成熟的经验，但仍缺乏系统的红树林生态修复研究。

2）滨海湿地生态修复

近年来，我国滨海湿地的保护和恢复受到越来越多的关注，相关的实践研究逐渐增多。

但总体上看，我国滨海湿地的修复研究与实践尚处于起步阶段，尤其尚未开展较大尺度的滨海湿地修复项目，缺少实践验证。

3）富营养化海湾水体生态修复

随着沿海地区社会经济的发展，城市化和工业化进程不断加快，

---

① 廖宝文，张乔民．中国红树林的分布、面积和树种组成［J］．湿地科学，2014（4）：435-440.

陆源入海污染、海上污染源使沿海区域水体受到严重污染，造成水质恶化，尤其是营养盐含量的增加造成水体富营养化。国内外开展了许多海域富营养化修复的理论与实践研究工作，修复技术涵盖了物理的、生物的、化学的等，主要集中在大型海藻对水体富营养化影响的研究，藻类的去除与其生长的控制措施是富营养化水体修复研究的重点。

4）海岛生态修复

近年来，我国对海岛生态修复开展了一些研究与实践，如南澳岛生态修复、厦门猴屿生态修复等，其中南澳岛生态修复研究较为系统，其涉及外来入侵种控制、植被修复、海岛土壤修复等方面。虽然我国对海岛生态修复的研究取得了一定的成效，但是相关的研究主要集中在对本地物种尤其是植被的修复，而对于外来物种入侵等其他生态问题修复的研究相对薄弱。

5）沙滩修复

我国的大陆海岸线长 1.8 万余千米，沙砾质海岸相对较少。沙砾主要受到来自河流、海岸和海岛的侵蚀，波浪冲击作用引起沿岸漂沙，加上河水流动与潮流的作用使沙滩泥沙保持了平衡。但是，由于人类活动的不断加剧，我国海滩严重侵蚀。

我国海岸沙滩的修复研究起步较晚，最早的海滩修复在香港南岸浅水湾。1990 年，香港岛南岸的浅水湾进行了填沙补滩工程，以扩大海滩宽度，共填沙 20 万立方米，来自于 16 千米以外的海底，挖沙后，用海底管道输至浅水湾。目前研究的内容主要涉及沙滩修复选址、海岸沙滩修复的技术等，对于海岸沙滩修复的跟踪监测、沙滩修复的生态影响、成效评估等研究较为薄弱。

6）珊瑚礁生态修复

2004 年的《世界珊瑚礁调查报告》中指出全世界有超过 20%

的珊瑚礁被彻底破坏，并且没有进行积极有效的珊瑚礁生态修复工作，因此珊瑚礁的修复成为我们关注的问题之一。相比国际上珊瑚礁的修复研究，我国尚处于起步阶段。目前，我国对珊瑚礁的保护主要体现在珊瑚礁保护区的建立，如海南三亚珊瑚礁自然保护区、福建东山珊瑚礁自然保护区、广东徐闻珊瑚礁自然保护区等。全球珊瑚礁生态系统的衰退以及珊瑚礁自然恢复需要很长时间，目前几乎没有珊瑚礁的修复程度能达到按照结构和功能恢复的最终成效。

4.2 基于海洋生态系统的海洋综合管理理念对我国实践的作用与影响

4.2.1 我国海洋生态系统的特点及其开发利用特征①

我国海域位于亚洲大陆东侧的中纬度和低纬度带，跨越热带、亚热带和温带三个气候带，除台湾东岸濒临西太平洋外，其他海与大洋之间均有大陆边缘的半岛或群岛断续间隔，基本属封闭性海区。近海环流、水团和温度分布，形成我国海域具有区域性特征的生态系统，分别构成黄海、东海、南海北部和南沙四个大海洋生态系。我国海洋生态系统主要有以下几个特点。

一是海洋生态系统和区系多样性。黄海大海洋生态系，半封闭海，为暖温带生态系。生物以暖温种为主，位于中国大陆和朝鲜半岛之间，是多数渔业生物的越冬场和重要产卵场。东海西部，亚热带生态系，有长江、钱塘江和闽江等径流入海，盐度低，受暖流影响，温度盐度季节变化大，生物以暖水种占优势，且时空分布的变化很大。东海东部和南海南部为热带生态系，受黑潮暖流影响，呈现热

① 叶属峰，温泉，周秋麟．海洋生态系统管理——以生态系统为基础的海洋管理新模式探讨 [J]. 海洋开发与管理，2006(1)：77-80.

带生物区系。南海，自海南岛南岸以南，珊瑚成礁，生态系中物种多，暖水种占绝对优势，无任何冷水种。南海北部亚热带生态系，处于珠江等大河口，又邻近南海外海，深海，生物区系以暖水种占绝对优势，暖温种很少，无冷水种；造礁石珊瑚在本生态系出现，但未形成典型的珊瑚礁，体现出亚热带向热带生态系过渡的特点。

二是海洋生物多样性。我国海域生态系复杂多样，海洋生物物种、生态类群和群落结构均表现出丰富的多样性特点。我国海域已记录了20278种生物，约占世界的10%，隶属于5个生物界、44个门。动物界记录的种类最多（12794种），原核生物界最少（229种）。物种种类数分布从北向南递增，渤海、黄海、东海和南海共有2500种渔业种类。

我国海洋生物物种具有明显的海域特色，不仅有很多世界性海洋生物物种，而且还保存了许多在北半球其他海域早已灭绝的古老孑遗物种，特有属、种很丰富。如在大陆沿岸浅水区还有一定数量的地方性特有种，有的分布于黄渤海和南海间的广阔水域，有的仅见于黄渤海和东海浅水区，有的则见于南海北部、东海和黄海南部水域。

三是海洋生态系统十分脆弱。我国海域生态系统具有地区性和对大陆的依赖性等特征，极易受人类开发活动的干扰与破坏，比较脆弱。除台湾东岸濒临西太平洋外，我国海洋生态区系及物种分布因大陆边缘的岛链而与大洋生态系统相对隔离，外部洄游性生物资源补充量少，海域生态系统具有明显的地区性和封闭性特征。我国海域生态系统中，高营养级生物种群数量较少，鱼类生产力不足世界平均水平的1/3，资源承载力十分有限。对海洋生物资源的过度开发利用，极易造成高营养种群缺失，导致原有生态系统结构失衡，并迅速向低质种群演替，使生态系统的服务功能和可持续利用价值大大降低。

我国海域开发利用的基本特征是，海洋生态依赖型产业发展迅速。在过去的40余年中，我国依赖于海洋生态系统的相关产业得到迅速发展。海洋经济生产总值从1980年的80亿元上升到2014年的59936亿元，已占全国GDP的9.4%，提供了全国沿海地区超过10%的就业机会，海洋经济已成为沿海地区新的经济增长点和跨世纪的地区发展战略，海洋渔业、滨海旅游业以及海洋药业和生物工程等高技术产业成为新时期海洋产业的主体。

4.2.2 基于海洋生态系统的海洋综合管理对我国实践的作用与影响①

我国海洋生态系统复杂多样，海洋生物物种、生态类群和群落结构丰富，同时也具有显著的脆弱性，目前，我国的海域开发利用仍以海洋生态依赖型的产业为主，海洋管理尤其是对海洋生态系统的管理存在着较大的难度。从20世纪90年代末开始，基于生态系统的管理理念迅速被世界各海洋大国应用于海洋管理领域。相关国际组织、各海洋大国和海洋学术界都一致认为，协调海洋资源开发与保护、解决海洋生态危机必须改进现有海洋管理模式，应用基于生态系统的方法管理海洋。基于海洋生态系统的海洋管理理念也在我国得到了实践与应用。

20多年来，我国学者和海洋管理工作者对生态系统管理理论及其他海洋国家实施基于生态系统海洋综合管理的实践展开了研究，对我国开展基于生态系统的海洋综合管理的实践提供了经验，起到了极大的促进作用。主要表现在以下几方面。

一是认识到实施基于海洋生态系统的海洋综合管理的必要性与

---

① 叶属峰，温泉，周秋麟．海洋生态系统管理——以生态系统为基础的海洋管理新模式探讨 [J]．海洋开发与管理，2006(1)：77-80.

紧迫性。

海洋生态系统是国民经济和社会发展的基础，具有巨大的服务价值。但目前人类对海洋生态系统提供的物质和服务处于低价或无偿的索取阶段，未纳入成本计算并在国家GDP中予以反映。同时，我国的海洋生态系统相对封闭，较为脆弱，易受人类活动的破坏，在海洋经济快速发展的背景下，必须找到一条与环境承载和资源高效全程利用相适应的可持续发展之路。因此，在我国亟须建立以生态系统为基础的海洋综合管理新模式，以生态系统保护与管理来解决发展中的环境与资源问题。

二是确立了实施基于海洋生态系统的海洋综合管理的管理目标。①

根据我国海洋生态系统的特点及开发利用特征，我国海洋生态管理的总目标拟定为：积极推进《全国海洋经济发展规划纲要》，到2020年，以海洋生境保护与恢复为重点，建立起适应我国国情的海洋生态系统管理机制和法律法规、政策体系，形成实施海洋生态监控管理协调和综合的能力，有效遏制海洋生态系统恶化趋势并使之向良性发展，保证海洋经济发展规划的有效实施和经济目标的实现，维护我国的海洋生态安全和沿海地区生命财产的安全，保障沿海居民的身心健康，形成全面建设小康社会的基础条件和发展格局。

三是提出了实施基于海洋生态系统的海洋综合管理的主要内容。①

在对我国海域按照生态系统进行划分和总体布局的基础上，通过实施系统化和区域化的海洋生态系统管理，综合协调海洋开发与

① 叶属峰，温泉，周秋麟．海洋生态系统管理——以生态系统为基础的海洋管理新模式探讨［J］．海洋开发与管理，2006（1）：77-80.

海洋生态保护，建立海洋开发利用的时空秩序和总量控制，强化海洋生态监控区建设与管理，通过加强海洋执法，积极推进海洋科技创新，广泛开展国际合作等方式，建立科学合理的海洋开发利用秩序，并实施重点海域、典型海域的生态修复与整治，同时围绕基于海洋生态系统的海洋综合管理目标，积极建立健全相关制度，完善相关体制机制，努力提升公众意识。

四是初步具备了实施基于海洋生态系统的海洋综合管理的基础。

目前，我国已在厦门、大连、防城港、阳江、文昌等地开展了海岸带综合管理示范工作；在黄海开始实施大海洋生态系管理模式；在渤海实施跨区域的环境综合整治，建立了环境伙伴关系的示范；在环渤海、长三角、珠三角等区域试图通过区域联动解决区域可持续发展问题；经国务院转发的《全国海洋功能区划》提出了我国重点海域主要功能开发利用的优先顺序；《全国海洋经济发展规划纲要》在我国沿海划分了 11 个海洋综合经济区；在沿海省、自治区、直辖市建立了海洋生态监控区的示范区和 30 余个海域使用管理示范区，推进了以科技转化和产业化试验为目的的工程中心和基地建设。

4.3 我国基于海洋生态系统的海洋综合管理的实施情况

4.3.1 生态文明建设已成为国家发展战略的核心内容

从 20 世纪 60 年代开始，人类对自身与自然关系的反思和认识日益深刻，加强生态建设，促进环境保护，已越来越成为世界各国的共识。

中国作为发展中国家，正处于工业化、城镇化、现代化加速发展时期，资源需求增大，污染排放增加，生态负荷日益加重，而中国人均资源紧张，人均耕地、淡水、森林仅占世界平均水平的32%、27.4%和12.8%，石油、天然气、铁矿石等资源的人均拥有量也明显低于世界平均水平，资源和环境问题已成为制约经济社会可持续发展的重要瓶颈。正是基于对现状的认识，近些年来中国政府把实现生态环境保护和经济社会可持续发展的生态文明建设放在了国家发展战略的突出位置，相继提出了建设资源节约型和环境友好型社会、建设创新型国家、实现科学发展、构建社会主义和谐社会、建设生态文明等一系列重大战略决策，明确提出到2020年要建成为生态良好的国家，实施了节能减排综合性工作方案，颁布了应对气候变化国家方案。其中提出建设生态文明是中国政府为改善全球生态环境、维护全球生态安全、推动人类文明进步的实际行动，也是履行国际公约、实施联合国千年发展目标的具体措施。①

4.3.2 实施海洋功能区划管理

目前，我国已经开始实施海洋功能区划管理，按照海洋自然属性和社会经济属性，制定了全国海洋功能区划，将近岸海域划分为可供不同开发利用的功能区和保护保留的区域，沿海地区也相应制定了不同比例尺的海洋功能区划，建立了海洋管理的基础依据。

4.3.3 推行海岸带综合管理

自20世纪90年代中期以来，国家海洋局、厦门市政府联合组织实施了“东亚海域海洋污染预防和管理厦门示范计划”，旨在在厦门市推行海洋综合管理并为东亚各国提供借鉴。随后，我国在南部

① 张通．推动综合生态系统管理促进生态文明建设理念与实践国际研讨会开幕式并致辞[EB/OL]. http://www.mof.gov.cn/preview/guojisi/pindaoliebiao/lingdaojianghua/200811/t20081110_88959.html.

沿海的广西、广东和海南开展了海岸带综合管理能力建设，在联合国开发计划署的支持下推广厦门经验。近期，我国又通过东亚海环境管理伙伴关系三期计划，在我国沿海的10个城镇开展平行示范活动，扩大海岸带综合管理的范围。

4.3.4 开展海洋生物多样性保护和黄海大海洋生态系管理

基于生态系统的海洋生物多样性保护是海洋管理的一个重要组成部分。2005年以来，我国与全球环境基金和联合国开发计划署合作，启动了中国南部沿海生物多样性管理项目，力图发展海岸带综合管理和海洋保护区，以保证我国南海海岸带的海洋生物多样性的长期保护与可持续利用。同时，我国启动了主要由中国和韩国参加的、全球环境基金支持的“减轻黄海大海洋生态系压力”项目，旨在在黄海大海洋生态系及其流域，建立以生态系统为基础的、环境可持续的管理与利用。海洋生态系统作为一个整体，海洋生态问题常常是区域性的，甚至扩大到邻近大洋，并引起全球的后效。因此，我国正不断拓展海洋领域的国际合作，积极与全球环境基金、联合国开发计划署合作，倡导和推进以生态系统为基础的海洋管理思想与模式经验。

4.3.5 加强海岛生态保护与修复

海岛是国家生态安全系统的重要一环，也是沿海地区抵御自然灾害的天然屏障。长期以来，我国的海岛资源破坏加剧，生态环境有所恶化；对海岛地区的发展政策支持也不够，投入严重不足，基础设施薄弱，发展后劲不足，对我国海岛保护十分不利。

针对这些问题我国出台了相关的海岛政策和措施，加强海岛生态保护与修复。对因自然或人为原因损坏的特殊用途海岛，将加大整治和修复力度；对有特殊景观价值的海岛，将推进景观保护和环境整治;对已有的填海连岛工程,经评估认定对海岛及其周围海域生态长期造成不利影响的,将采取相关措施进行整治;对污染较严重的海岛及其周边海域,将严格控制污染物排放,实施重点区域水污染防治工程;对即将开发建设的无居民海岛,将限制建筑物和设施的容积率、高度以及与海岸线的距离,使其与周围植被和景观相协调。此外,我国将加大海岛监管力度,打击非法活动,促进海岛生态保护和可持续利用。①

4.4 我国在基于海洋生态系统的海洋综合管理实施中存在的主要问题

4.4.1 以海洋生态系统为基础的海洋综合管理体系尚未形成

目前,我国海洋综合管理实行的是统一管理与分部门、分级管理相结合的体制。国家海洋局代表国家对全国海域实施综合管理,沿海省、市(地)、县三级分别成立了地方海洋管理机构,基本形成了中央与地方相结合自上而下的海洋综合管理系统。尽管国家海洋局被赋予海洋综合管理的职能,但由于行政级别层次不够高,海洋综合管理力量薄弱,宏观调控乏力,综合管理的作用难以得到应有的发挥。在海洋开发过程中,面对部门行业之间、用海者之间、中央与地方之间存在的严重矛盾,国家海洋局难以发挥作用。同时,分散式的行业管理,政出多门,管理力量分散,对现行海洋管理体制造成很大的冲击。全国涉海部门有10多个,决策程序分散,各行其是,使海洋综合管理难以落实,削弱了海洋主管部门的管理职能。除此

① 沈汝发. 我国将加强海岛生态保护与修复[EB/OL]. http://news.qq.com/a/20091107/000959.htm 2009-11-7/2015-5-9.

之外，在区域管理上，我国的海洋管理仍是以行政边界而不是自然边界为管理范围，不同地区政府部门具有各自的利益诉求，难以从海洋生态系统本身出发开展管理活动。

由此可见，目前我国尚未完全建立起以生态系统为基础的海洋综合管理模式和体系，仍需要在海洋生态系统与社会经济系统相统一的管理制度、以海洋自然边界和海洋生态系统整体为管理职责权限划分的管理体制机制、以维护海洋生态系统健康和实现海洋可持续性开发为目标的管理理念原则等方面，进行进一步的改革与完善。

4.4.2 以海洋生态系统为基础的总体规划和法规体系有待加强

目前，各海洋产业部门和各沿海省市大都依据自身的实际情况和特点，制订各自的海洋发展规划。但是，由于海洋生态系统是一个不可分割的整体，海洋生态环境复杂多样，各个区域和各种资源相互关联、相互影响、相互依存，因此，各种单一行业或地区的海洋发展规划容易在编制和执行过程中出现偏差，对海洋生态系统造成影响。在我国，以渤海、黄海等相对独立的海洋生态系统为单位，仍然没有一个综合的规划，缺乏针对不同海区具体问题和实际情况制定总体规划和中长期的部署，从而难以改变在各海区内不同海洋产业、地区、部门之间的利益冲突，出现海洋生态系统在地方、行业上的分割现象，导致在很多地方海洋开发仍然无序，海洋生态环境破坏仍然严重。

此外，海洋生态系统管理的法律法规也不够健全。比如，《海洋环境保护法》规定了“环境保护行政主管部门在批准设置入海排污口之前，必须征求海洋、海事、渔业行政主管部门和军队环境保护部门的意见”这一特别具体的职责要求，然而，对环境保护行政主管部门及有关部门如何进行指导、协调和监督以及履行这一重要职能却没有进一步做出规定。而对渤海等重点海区和滨海湿地等重点海洋生态系统，都缺乏具有针对性的专门法律法规，比如，我国现有的有关湿地的法律条款分散在《森林法》《野生动物保护法》《野生植物保护条例》《中华人民共和国渔业法》等各个不同的法律条文中。相关的法律条款还比较分散，法律条文相互交叉、重复的情况并存，且许多配套的法律法规还没有出台。

4.4.3 基于海洋生态系统的海洋综合管理基础能力有待进一步提高

在我国，实施基于海洋生态系统的海洋综合管理，对目前我国海洋综合管理的基础能力提出了更高的要求。根据当前基于海洋生态系统的海洋综合管理需要，这些基础能力主要包括：保护与恢复渔业资源，发展海水健康养殖；有效协调各个利益相关者的用海行为，建立完善的协调机制；建立完善的海洋环境保护法规规划和政策体系，制定科学的海洋环境保护有关技术标准；形成科学有效的污染物入海总量控制的手段和途径；建立立体完善的海洋环境监视监测体系和生态监控体系；构建全面覆盖应对各类海洋突发事件的快速应急响应机制。

在地方海洋管理层面，海洋管理力量也较为薄弱，主要表现在行政管理等级层次较低、机构人员编制少、人员专业素质不高、行政管理系统不完善、装备技术和管理手段比较落后等方面。目前沿海省、直辖市、自治区和多数沿海市（地）、县都成立了海洋管理机构，但是这些机构的人员编制大多只有几人或十几人，人员少，难以担负起如此繁重的海洋管理任务。另外，由于地方海洋管理机构成立的时间较短，而且多是在原水产机构的基础上建立起来的，现有人员队伍中缺少精通海洋知识的高层次专业人才。从整体上看，人员专业素质还不能适应当今海洋管理工作的需要。地方海洋执法力量薄弱，在海洋管理中，缺乏力度和权威性。

4.4.4 针对海洋生态系统的执法能力需要进一步加强

目前随着我国海上执法队伍的整合，执法队伍的整体能力、素质等得到了不断提高，执法效率也进一步增强，与执法体系相配套的保障系统建设也取得了较快发展，技术支撑系统也有所加强。但是，在海洋环境的执法管理领域，环保部门与海洋管理部门的协调性尚需进一步增强。在部分重点海域，海洋环境的执法能力、执法队伍区域布局、海上执法装备、执法取证技术手段、监测和信息传输能力等也仍然存在一定的不足。近年来环境保护部与国家海洋局也开展了一些合作，制定了一些制度，但在海洋环境治理的实践工作中，由于海洋生态系统的复杂性和海洋开发的多样性等原因，对于海洋环境执法工作的综合协调水平提出了更高的要求，现有的海洋环境执法体制难以满足海洋环境治理工作的需要。

5

基于海洋生态系统的海洋综合管理实施的博弈分析

5.1 基于海洋生态系统的海洋综合管理中的多元动态博弈

通过之前章节对海洋生态系统价值的分析，根据基于海洋生态系统的海洋综合管理内涵，我们可以简单地将传统海洋管理和基于海洋生态系统的海洋综合管理区分为：传统的海洋管理就是仅仅注重于海洋资源直接开发价值的海洋管理活动，而基于海洋生态系统的海洋综合管理就是从海洋生态系统价值整体出发，在统筹考虑海洋生态系统价值各个方面、保证海洋生态系统价值最合理有效利用的前提下，管理各项开发利用海洋的行为。

根据经济学的基本原理，对于价值的选择往往决定了市场主体的具体行为。在海洋开发管理实践中，也正是由于海洋开发活动的主体对于海洋生态系统服务价值中不同方面的重视、利用程度有所不同和侧重，从而造成了海洋开发活动行为的巨大差异。由此可见，海洋开发活动中各类主体基于内外条件约束下的“权益应变”以及对利益的动态调整决定了其自身的行为，也影响着海洋管理制度的制定与实施，而这个过程也就是主体对利益冲突进行博弈的妥协和均衡过程。

有鉴于此，本研究引入博弈论的相关理论，根据我国地方政府在海洋管理中的核心地位与利益诉求，分析其在基于海洋生态系统的海洋综合管理中实施管理的内在动力，并以地方海洋开发活动中各类主体博弈行为为纽带，将地方政府之间、政府与海洋管理中的主要管理对象企业之间连接起来，构建基于海洋生态系统的海洋综合管理多元动态博弈模型，从而概括、抽象出我国基于海洋生态系统的海洋综合管理中博弈主体关系演进轨迹、逻辑内涵与实质，为推动基于海洋生态系统的海洋综合管理实施提供理论依据。

5.1.1 模型的基本假设

5.1.1.1 博弈主体

根据基于海洋生态系统的海洋综合管理内涵，在海洋管理活动中的主体主要包括中央政府、地方政府、企业、民间团体、当地民众等，在《中共中央国务院关于加快推进生态文明建设的意见》、海洋功能区划制度、海洋生态红线制度等一系列制度规划正式出台的背景下，我国已经从中央政府层面明确了全面推进基于生态系统的海洋综合管理，而且中央政府能够从推动地区海洋开发、海洋经济发展和推进海洋生态文明建设的全局进行统筹谋划。因此，考虑到我国海洋管理实施的具体情况，在当前国家明确提出将加快推进生态文明建设作为重要国家战略的背景下，对于基于海洋生态系统的海洋综合管理实施具有直接影响力的主要是地方政府和相关企业，最终为了便于模型的构建，模型的主要博弈主体包括各沿海地区地方政府和从事海洋开发的企业。同时假定地方政府、企业都具有有限理性，地方政府在实施海洋管理的过程中主要是从本部门的收益与成本衡量出发进行相关决策，企业则从自身发展出发进行权衡利弊作出策略选择，在博弈过程中，双方行为均遵循经济学的各项一般原理。

5.1.1.2 地方政府

在我国，地方政府是海洋管理的重要环节，它既是作为中央政府的代理人，是国家宏观战略在地方的具体实施者，又是沿海各地区海洋发展诉求的代表。地方政府在海洋开发管理活动中所具有的特殊地位与利益诉求，使其成为连接海洋管理宏观层面和微观层面的纽带。

由于从中央政府层面，我国已经明确提出了加快生态文明建设的国家战略，基于海洋生态系统的海洋综合管理作为海洋领域生态文明建设的必然选择，地方政府必须要推进基于海洋生态系统的海洋综合管理在本地区的实施，但地方政府也会从自身部门利益出发，在推进实施的真实意愿上有所选择，其博弈战略选择主要为积极和消极两种。在博弈中地方政府追求自己的效益最大化，其效用可以表示为 $U(X_1) = U(a, b, c, d)$，其中 a 为海洋开发推动地区社会经济发展情况，即获得的海洋开发价值；b 为地区海洋生态系统有效保护所带来的收益，即获得的海洋生态价值；c 为中央政府对地方政府在海洋生态方面的满意度；d 为当地居民对政府在海洋生态方面的满意度。

5.1.1.3 企业

从事海洋开发活动的企业，主要是以开发利用海洋获得经济利益为目的，是地区开展海洋开发活动的主体，因此也是基于海洋生态系统的海洋综合管理中最主要的管理对象，其开发利用海洋的行为是相关管理制度、管理措施、管理行为发挥作用的最直接体现。

在基于海洋生态系统的海洋综合管理实施过程中，企业也以追求自身利益最大化为目标，其博弈战略选择主要是：① 根据基于海洋生态系统的海洋综合管理要求，转变传统的海洋开发方式，减少海洋开发活动对于海洋生态系统的影响。② 仍采取传统的海洋开发方式。企业在基于海洋生态系统的海洋综合管理中，效用函数可以表示为：$U(X_2)=U(e,f,g)$，其中，e为企业转变海洋开发方式对其经济收益的影响；f为地方政府对企业转变海洋开发方式的约束程度；g为当地社会对于保护海洋生态的认识程度。

5.1.2 地方政府与企业的动态博弈

在地方政府与企业的动态博弈中，假定企业对政府拥有的信息不完全，不确定地方政府对于实施基于海洋生态系统的海洋综合管理的成本收益，不能确定其对实施基于海洋生态系统的海洋综合管理的态度以及是否是持续的。根据以上假设，建立博弈树[①]，如图5-1所示。

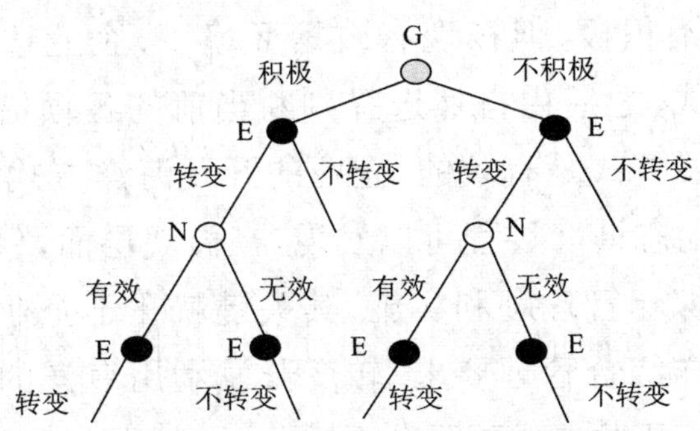

图 5-1 政府与企业基于海洋生态系统的海洋综合管理实施的不完全信息动态博弈树

图中G为地方政府，E为涉海企业，N为由自然选择地方政府的相关制度、政策等对企业是否有效。围绕基于海洋生态系统的海洋综合管理实施，地方政府与企业的不完全信息动态博弈大致经历

① 姚国庆．博弈论［M］．北京：高等教育出版社，2007：107-108.

如下步骤：首先，地方政府根据自身成本收益情况判断在实施基于海洋生态系统的海洋综合管理上采取何种态度；其次，在政府决策后，企业根据自身成本收益选择是否转变传统的海洋开发方式，以适应基于海洋生态系统的海洋综合管理需要；再次，由自然选择地方政府在基于海洋生态系统的海洋综合管理中所制定的制度、政策等是否有效；最后，企业进一步判断地方政府所提供的政策环境下企业的自身效益情况，修正过去的选择。

由图5-1可以看出，地方政府与企业的博弈路径主要有6条。其中，能够实现企业转变开发利用海洋方式，符合基于海洋生态系统的海洋综合管理要求的博弈路径有两条：一种是地方政府对实施基于海洋生态系统的海洋综合管理态度积极，企业也选择转变开发海洋的生产方式，之后由自然选择判断地方政府所采取的各项措施政策有效，开发海洋的方式向符合基于海洋生态系统海洋综合管理的要求转变；另一种是地方政府对于实施基于海洋生态系统海洋综合管理的态度不积极，但在现有政策环境下，企业选择了转变开发海洋的生产方式，之后由自然选择判断当前的各项措施政策对于促进企业转变发展方式是有效的，企业的开发海洋方式得到了转变。

通过上述动态博弈过程可以发现，在微观层面，保证基于海洋生态系统的海洋综合管理顺利实施，其关键就在于企业根据基于海洋生态系统的海洋综合管理要求，转变开发利用海洋的方式所获得的收益要大于原有开发方式下所获得的收益。根据$U(X_2)=U(e,f,g)$，企业一方面需要减少转变海洋开发方式对经济收益的影响，一方面需要从政策制度、社会舆论等方面增加对转变海洋开发方式的约束，即增加企业维持传统开发方式的成本；地方政府在两条实现发展方式转变的博弈路径中，分别表现为积极和不积极两种态度，但在不积极的态度下，必须依靠原有的政策制度环境下对企业转变海洋开发方式已存在的较强约束，或者是社会公众和企业能够自觉提升海洋生态文明的意识，在现实中，这显然存在较大的难度，因此地方政府对于实施基于海洋生态系统的海洋综合管理所持的积极态度对于发展方式转变具有十分关键的作用。

5.1.3 地方政府间的动态博弈

由于海水的流动性和海洋生态系统的整体性，实施基于海洋生态系统的海洋综合管理就必须对可能分处于不同行政区域的海域进行有效的统一协调管理，因此地方政府间对于邻近海域的管理战略选择就成为基于海洋生态系统的海洋综合管理宏观层面实施的关键。

我们可以假定地方政府 A、B 所管辖的海域分别为某一海洋生态系统内的两个子系统，彼此间相互影响，A、B 政府彼此间拥有不完全信息，从基期开始，A、B 随机地选择一个策略，之后每期双方各自根据收益调整上一轮决策，在对于海洋管理的策略选择上可以简化为协调(即协调各个子系统之间的相互作用关系)和不协调(即不协调各个子系统之间的相互作用关系)，显然协调策略更有利于控制和优化整个海洋生态系统朝着良性方向发展，符合基于海洋生态系统的海洋综合管理要求，而不协调策略则会导致整个系统的某些控制变量趋向无序化发展。由此我们可以构建地方政府 A 与 B 之间关于海洋管理的动态演化博弈收益矩阵，见表 5-1。

表 5-1 地方政府间的演化博弈收益矩阵

地方政府 A	地方政府 B	
	协调	不协调
协调	u, v	0, 1
不协调	1, 0	1, 1

为便于研究，假设以双方均采取不协调策略的各自收益为基准 1，当双方都采取协调策略时，u 表示协调各子系统相互间作用关系

时 A 的收益，v 表示协调各子系统相互间作用关系时 B 的收益，一方采取协调策略另一方采取不协调策略时，采取协调策略的一方收益为 0，采取不协调策略一方的收益为 1。

设 p 为地方政府 A 采取协调策略的意愿，即地方政府 A 采取协调策略的概率，q 为地方政府 B 采取协调策略的意愿，即地方政府 B 采取协调策略的概率。则状态 $s=\{(s_1^1, s_2^1),(s_1^2, s_2^2)\}=\{(p, 1-p),(q, 1-q)\}$ 可用 $[0,1]\times[0,1]$ 区域上的点(p, q)来描述，(p, q)则反映系统的演化动态，$r^1=(1, 0)$表示地方政府以概率 1 选择协调策略，$r^2=(0, 1)$表示地方政府以概率 1 选择不协调策略。由此可得到：

地方政府 A 采取协调策略的收益（适应度）：

$$f^1(r^1, s)=uq+0(1-q)=uq$$

采取不协调策略的收益：

$$f^1(r^2, s)=1q+1(1-q)=1$$

则总体的平均收益为：

$$f^1(p, s)=pf^1(r^1, s)+(1-p)f^1(r^2, s)$$

同样，地方政府 B 采取协调策略的收益：

$$f^2(r^1, s)=vp+0(1-p)=vp$$

采取不协调策略的收益：

$$f^2(r^2, s)=1p+1(1-p)=1$$

则总体的平均收益为：

$$f^2(q, s)=qf^2(r^1, s)+(1-q)f^2(r^2, s)$$

根据 Freideman（1991）① 的研究结论，假定一个战略的增长率等于它的相对适应性，只要一个战略的适应度比群体的平均适应度

① Freideman. Evolutionary games in economics[J]. Econometric, 1991: 59.

高，该战略就会发展。[①] 因此，以地方政府 A 为例，采取协调策略就必须满足：

$f^1(r^1, s) - f^1(p, s) = (uq - 1)(1 - p) > 0$，即 $u > 1$，同理可知地方政府 B 采取协调策略必须满足 $v > 1$。同时地方政府 A、B 采取协调策略意愿的增长率分别为：

$$\dot{p}/p = f^1(r^1, s) - f^1(p, s)，即\ \dot{p} = p(p - 1)(1 - up)$$

$$\dot{q}/q = f^2(r^1, s) - f^2(q, s)，即\ \dot{q} = q(q - 1)(1 - vp)$$

上述两式组成的微分方程系统描述的动态策略选择，可由该系统得到的雅克比矩阵的局部稳定分析，对其均衡点的稳定性进行分析，上述系统的雅克比矩阵为：

$$J = \begin{bmatrix} (2p - 1)(1 - uq) & up(1 - p) \\ vq(1 - q) & (2q - 1)(1 - vp) \end{bmatrix}$$

由雅克比矩阵的局部稳定法求解出雅克比矩阵的行列式和迹，得到该系统的 5 个局部均衡点。使用局部稳定分析法对均衡点进行分析，结果如表 5-2 所示，系统的 5 个局部均衡点仅有 2 个是 ESS（演化稳定策略），分别对应于地方政府相互作用过程中自发形成的 2 个模式：共同协调系统内各子系统间的相互关系，彼此间互不协调的无序模式。

表 5-2 地方政府间的演化博弈局部稳定分析结果

均衡点	J 的行列式（符号）	J 的迹（符号）	结果
$p = 0, q = 0$	$(u_2 - u_1)(v_2 - v_1)(+)$	$-2(-)$	ESS
$p = 0, q = 1$	$(u_4 - u_3)(v_2 - v_1)(+)$	$u(+)$	稳定
$p = 1, q = 0$	$(v_4 - v_3)(u_2 - u_1)(+)$	$v(+)$	稳定
$p = 1, q = 1$	$(u_4 - u_3)(v_4 - v_3)(+)$	$2 - u - v(-)$	ESS
$p = 1/v, q = 1/u$	$-(1 - 1/v)(1 - 1/u)(-)$	0	鞍点

① 钟锦．基于演化博弈的淮河流域水环境管理研究［D］．合肥：合肥工业大学博士论文，2008.

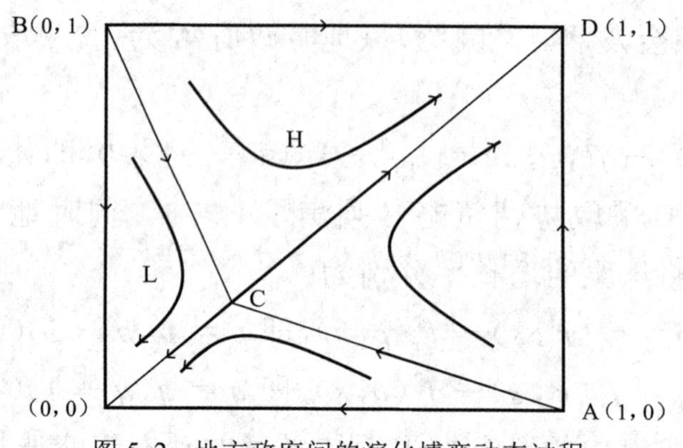

图 5-2　地方政府间的演化博弈动态过程

系统相图如图 5-2 所示。

系统相图描述了地方政府之间相互博弈的动态过程，由不稳定平衡点 A(1, 0)，B(0, 1)和鞍点 C($1/v$, $1/u$)可以看成系统收敛于不同的临界线，初始状态位于折线左下方 L 内时，系统将收敛到均选择不协调策略的(0, 0)点，初始状态位于折线右上方 H 内时，系统将收敛到均采用协调策略的 D(1, 1)。在相图中，双方均采取协调策略的收益越大，即 u、v 越大，则 C 点越接近于(0, 0)点，从而使得系统收敛于相互协调策略 D 点的概率就会大于收敛于不协调策略的概率。

通过上述动态博弈过程可以发现，地方政府间在关于海洋生态系统协调管理策略选择的自发演化依赖于采取协调和不协调策略的相对收益，提高相对收益，对于地方政府之间在海洋生态管理中的相互协调具有重要作用。

5.1.4　多元动态博弈分析结论

根据对地方政府与企业之间、地方政府之间关于基于海洋生态系统的海洋综合管理实施所进行的动态博弈分析结果，可以得到以下结论。

（1）在地方政府层面，提高地方政府选择实施与不实施基于海洋生态系统的海洋综合管理之间的相对收益，是保证我国基于海洋生态系统的海洋综合管理从战略理念到具体实践的关键。

提升相对收益既可以增强地方政府推进基于海洋生态系统的海洋综合管理实施的积极性，从而促使微观层面海洋开发企业转变海洋开发利用方式，又可以有效保证地方政府间在宏观层面对整个海洋生态系统实施统一协调的科学管理。根据地方政府在建设海洋生态文明背景下的部门收益 $U(X_1)$，主要取决于通过海洋开发推动地区社会经济发展情况、地区海洋生态系统有效保护所带来的收益、中央政府对地方政府在海洋生态方面的满意度、当地居民对政府在海洋生态方面的满意度，一方面，可以通过科技创新、集约用海等方式，提升开发利用海洋的效率和水平，通过转变地方政府行政理念，增强对海洋生态价值的认识，从而增加地方政府实施基于海洋生态系统的海洋综合管理所带来的部门收益；另一方面，通过制度安排、考核方式转变等，提升中央政府对地方政府实施基于海洋生态系统海洋综合管理的约束，并通过对社会公众在海洋环境意识、海洋生态价值认同、海洋习俗惯例等方面的提升，增强社会公众对地方政府实施基于海洋生态系统海洋综合管理的要求，从而增加地方政府不实施基于海洋生态系统海洋综合管理的成本，减少不实施所带来的部门收益。

（2）在企业层面，提高企业基于海洋生态系统的海洋综合管理要求，转变开发利用海洋方式与原有开发方式之间所获得的相对收益，是保证我国基于海洋生态系统的海洋综合管理具体落实的关键。

根据企业在建设海洋生态文明背景下的收益 $U(X_2)$，主要取决于企业转变海洋开发方式对经济收益的影响、地方政府对企业转变海洋开发方式的约束程度、当地社会对于保护海洋生态的认识程度，一方面可以通过政策扶持、鼓励技术创新等措施，减少企业转变海洋开发方式对经济收益的影响，提高企业转变开发方式的收益；另一方面则需要从制定规范性制度、引导社会舆论、提高公众环境意识以及严格落实环保法规、强化监督措施等多个方面，增加企业维持传统开发方式的成本，从而降低企业维持传统开发海洋方式的收益，促进企业向符合基于海洋生态系统海洋综合管理要求的海洋开发方式转变。

5.2 基于海洋生态系统的海洋综合管理实施中面临的主要困境

通过对基于海洋生态系统的海洋综合管理实施中的地方政府与企业、地方政府之间的动态博弈分析，可以发现推进基于海洋生态系统的海洋综合管理实施中，影响各行为主体策略选择的关键，从而进一步明确制约基于海洋生态系统海洋综合管理实施的主要因素。

5.2.1 地方政府的政绩压力

在我国，区域经济发展水平是中央政府考核地方政府政绩的重要指标。改革开放以来，东部沿海地区一直是引领我国经济发展的核心地区，区域经济始终处于快速发展阶段，而随着陆地资源环境压力增大、海洋经济的快速崛起，以及产业结构调整和经济发展方式转型的需要，东部沿海地区开始普遍将地方经济发展方向转向海洋。在全球经济一体化的带动下，产业发展趋海迁移的趋势更为明显，一大批石化、钢铁、造船等临海临港产业不断在沿海地区布局。与此同时，近年来一批沿海地区区域发展战略规划相继得到国务院的批准实施，包括辽宁沿海经济带、河北曹妃甸、天津滨海新区、黄河三角洲、山东半岛蓝色经济区、江苏沿海地区、上海“两个中心”、福建海峡西岸、珠江三角洲、广西北部湾、海南国际旅游岛等。在这些沿海地区区域发展战略中，都把开发海洋资源发展海洋经济作为重要的内容，在地区经济发展的政绩压力下，各沿海地区海洋开发的强度也在持续增加。

伴随着经济的快速发展，我国的城市化进程日益加快。2014年，我国城市化水平已经达到了54.77%，比1979年提高了26.72%，我国已经入了城市化快速发展时期。沿海地区由于经济发展水平较高，大量的资金、人口等生产要素均在沿海地区集聚，一直是我国城市化发展的重点地区，城市化水平和城市化发展速度均高于全国总体水平。随着我国新型城镇化战略的实施，新一轮的城镇化建设也将开始启动，沿海地区的城市化发展也将进一步加速。而在沿海地区，由于土地资源较为有限，城市人口密度较大，在严格的耕地保护制度和城市规模扩张的驱动下，沿海地区的地方政府普遍将城市发展方向推向了海洋，通过开发利用海洋空间来解决土地空间不足对城镇化发展的制约，但由于海洋开发利用技术的制约，现有对海洋空间的开发利用仍十分粗放和落后。

地方政府在地区经济发展和地区城市化发展等多重政绩压力的驱动下，如果无法从海洋生态系统的生态价值中得到明显收益以及缺乏中央政府和社会民众对其在海洋生态系统保护修复方面的约束，则通过高强度的开发利用海洋满足其部门完成政绩的需要，且必然会成为各地的普遍趋势。以围填海为例，根据全国沿海各省、直辖市、自治区未来十年的《土地利用总体规划》《城乡建设发展规划》等相关规划统计表明，全国沿海地区今后十年规划围填海总面积将达到52万公顷以上。通过实施大规模的围填海造地用于工业和城市建设等，一方面可以满足经济发展和城市建设用地的需要，带动区域投资，推动地区经济发展，拓展城市发展空间，加快城镇化进程，实现地区的社会经济发展，完成中央政府对地方政府的政绩考核；另一方面，地方政府还可以依靠成本较低的围填海造地带来较高收益的土地财政，解决地方政府部门的财政问题，获得大量的直接部门收益。

5.2.2 海洋生态系统的生态价值评估

根据多元动态博弈分析的结论，从海洋生态系统中获得的生态价值是影响行为主体在海洋管理活动中决策的重要因素，因此，科学地对海洋生态系统生态价值进行评估，准确核算海洋开发中的生态成本，就成为开展基于海洋生态系统海洋综合管理的重要基础。

但是在现实的海洋管理实践中，受海洋科技水平的制约，目前人类对于海洋生态系统的认识还十分有限。在海洋生态系统中，各种生物在复杂多变的海洋环境中相互影响、彼此作用，共同形成了海洋生态系统，同时多样化的人类活动相互影响，也共同作用于海洋生态系统，使得海洋生态系统进一步演化发展，形成了错综复杂的海洋生态系统演化过程。然而，以目前人类的海洋科技水平，对海洋生态系统的形成、演化机理认识还不全面，对海洋物种的数量、分布、习性还不明确，各海洋物种间的复杂关系有待研究，对海洋环境的形成、变化规律也没有完全掌握，对人类活动、海洋物种和海洋环境之间相互依存、相互制约的关系尚不明确。

而基于海洋生态系统的海洋综合管理的核心理念就是改变传统的部门管理模式，是以海洋生态系统本身为管理重点，以维持海洋生态系统平衡为管理活动的核心，针对影响海洋生态系统的各类人类行为，通过统筹协调各行为主体的活动，开展相应的海洋管理活动。由此可见，海洋生态系统管理的实施前提是对海洋生态系统进行客观、科学、全面的评价，掌握各物种之间的相互关系以及物种和海洋环境之间的相互作用。当这些条件无法实现时，必然会造成基于海洋生态系统的海洋综合管理在计划制订、措施实施、效果评估等方面与实际产生偏差，最终影响到管理的实际效果。

因此，在现有的海洋科技水平下，还无法实现对海洋生态系统的生态价值进行十分准确的计算，从而造成了基于海洋生态系统的海洋综合管理尚缺乏扎实的科学基础，影响了基于海洋生态系统的海洋综合管理的实施。

2015 年 9 月中央政治局通过的《生态文明体制改革总体方案》中，明确提出了要树立自然价值和自然资本的理念，要建立体现自然价值和代际补偿的资源有偿使用和生态补偿制度，以及生态文明绩效评价考核和责任追究制度等。因此，对价值的计算、补偿的评估，必须进行深入研究，任重而道远。

5.2.3 社会公众的海洋生态意识

多元动态博弈分析的结果显示，无论是地方政府还是企业，在基于海洋生态系统的海洋综合管理中，其行为选择都会受到社会公众对于海洋生态系统态度的影响。因此，社会公众海洋生态意识的淡薄，就会对基于海洋生态系统的海洋综合管理实施带来不利的影响。

目前，在我国，虽然围绕海洋生态系统的公众教育已经有效开展，保护海洋生态系统的相关理念、观点也被社会公众所普遍接受，民众具备了一定的海洋环境保护意识，但是我国当前正经历着经济快速发展、社会快速转型的时期，在巨大的经济利益面前，海洋生态系统保护的重要性和必要性并没有真正被广大社会民众所认识，维护海洋生态系统的平衡与稳定仍然没有成为全社会的普遍共识。

从目前我国社会公众的海洋生态意识培养状况来看，一方面，大多数海洋生态系统保护的宣传与教育处于相对滞后的状态，宣传教育的手段、形式、内容均较为陈旧，存在着吸引力较低、与时代脱节的情况，宣传教育的工作力度和深度也存在一定的不足，从而造成了社会公众对于海洋生态系统的认识存在误区和不足，社会公众海洋生态系统的保护意识还比较淡漠；另一方面，在海洋生态系统的管理工作中，社会公众的参与程度较低，海洋生态系统的管理实践缺乏社会公众的积极支持和配合，社区、民间团体等没有在海洋生态系统的管理过程中发挥应有的作用，在许多海洋生态系统的管理活动中，存在较为明显的社会公众主体地位缺失的现象。

因此，在目前我国海洋生态系统的公众教育水平和管理参与水平还较为薄弱的背景下，我国社会公众的海洋生态意识已成为基于海洋生态系统的海洋综合管理实施所面临的重要困境之一。

5.2.4 现有的海洋管理体制机制

基于海洋生态系统的海洋综合管理是以实现海洋生态系统的健康与稳定为目标，这就要求在海洋综合管理的实施过程中，消除现有的海洋管理体制机制中由于属地管理、部门管理等所带来的限制和不足。

海洋生态系统是以海洋的自然区域来界定的，经常涉及不同的行政区划，海洋生态管理的实施也是从海洋生态系统整体出发，往往会涉及所有海洋利益相关者和相关管理部门。在现有的海洋管理体制机制下，不同地区之间、不同部门之间的海洋管理合作水平显然无法满足基于海洋生态系统的海洋综合管理的要求，因此，如何改革与创新现有的海洋管理体制机制就成为推动基于海洋生态系统的海洋综合管理顺利运行的关键。

除此之外，实践表明基于海洋生态系统的海洋综合管理实施过程中需要大量经费支持，在基于海洋生态系统的海洋综合管理形成初期需要长时间的调查研究和谈判协商，通常会产生高昂的成本费用，这对于基于海洋生态系统的海洋综合管理实施的资金来源保障也提出了更高的要求。又因为海洋生态系统管理涉及众多利益相关者，许多海洋生态系统服务具有公共物品性质，如海洋生态系统的环境净化功能、海洋生物圈为人们提供的休闲场所和其他娱乐资源等，所以“搭便车”现象在所难免，因此也需要通过制度政策等方面的机制创新与设计促使海洋生态系统服务外部性的内部化，解决投资者的合理回报，激励各利益相关体从事海洋生态投资。①

由此可见，现有的海洋管理体制机制也是制约基于海洋生态系统的海洋综合管理实施的重要因素，需要从深化体制创新与制度建设入手，通过不断的改革加以解决。

5.3 基于海洋生态系统的海洋综合管理运行机制

5.3.1 基于海洋生态系统的海洋综合管理的运行机制体系②

综合国内外学者的观点，要实施基于海洋生态系统的海洋综合管理，必须有一套完整的运行机制作保障。具体可归纳为以下几个方面。

1）以资源利用为条件

首先应明确自然资源的可持续开发利用是实现可持续发展的

① 王晓静．海洋生态系统管理：概念、政策与面临的问题［J］．海洋开发与管理，2014（7）．

② 王琪，王刚，等．变革中的海洋管理［M］．北京：社会科学文献出版社，2013：102-103．

核心要素。海洋资源的可持续利用是海洋事业可持续发展的物质基础，海洋资源的利用为海洋管理提供了基本条件，离开了海洋资源的可持续利用，基于海洋生态系统的海洋综合管理也就失去了意义。

2）以组织管理为基础

一切管理行为的运转都必须依靠有效的组织管理作为基础，必须针对管理的核心目标和主要任务，设立合理有效的组织机构，通过健全的管理机构体系，实现管理工作的顺利有效开展。

3）以法制建设为保障

实施基于海洋生态系统的海洋综合管理涉及海洋开发的方方面面，需要处理好各个利益主体间的关系，因此必须依靠法律制度加以具体规范，既做到有法可依，保证对各类行为的有效指导，同时也可以推动基于海洋生态系统的海洋综合管理的全面实施，保证管理的权威性。

4）以政策支持为动力

实施基于海洋生态系统的海洋综合管理是海洋管理发展和海洋事业进步的重大变革，在推进和实施过程中必然会面临一定的阻力和障碍，这就需要在海洋管理的创新过程中通过政策支持推动海洋管理创新的实施。如在环境防治过程中，针对执行国家强制性政策可能会带来的经济利益损失，可以采取财政补贴、税收减免等优惠政策来为鼓励经营者履行强制性义务，实现环境资源的优化配置。

5）以管理规划为手段

基于海洋生态系统的海洋综合管理实施是一个全面的系统性

工程，必须从全局出发，通过规划对管理行动进行总体部署，有步骤、有计划地对管理创新推进过程进行有效控制，同时也对相关行业规划和有关专项规划起指导作用并提供依据，并借助规划本身经过法定程序审议所具有的约束力，推进管理创新的实施。

6）以过程控制为关键

控制体现了海洋管理以可持续发展为核心的全过程要求。在管理过程中，随着社会经济发展、环境和资源的变化，必须坚持管理一体化思想，并进行相应的调整和改善（甚至是暂停开发），避免管理失效。

5.3.2 基于海洋生态系统的海洋综合管理的主要运行机制

由于海洋生态系统的复杂性，海洋生态系统的海洋综合管理涉及面广，因此，综合是实现基于海洋生态系统海洋管理的要义：激励是基础，协调是纽带，监督是保障，公众参与是补充。① 根据以上基于海洋生态系统的海洋综合管理的博弈分析和机制体系，要实现良好的基于海洋生态系统的海洋综合管理效果，其运行机制应该包括以下几部分。

1）激励机制

在管理规划的指导下，制定明确的管理责任目标，通过利益分配手段对参与者的关系进行调整，主要包括物质与精神等方面的激励措施，从而最大限度地提升参与者实施基于海洋生态系统的海洋综合管理的主动性和积极性，增强为实现海洋管理改革创新既定目标而努力的动力。具体手段包括：流域上下游生态补偿机制，鼓励上游地区积极参与到海洋管理的行动之中；财政机制，鼓励企业、个

① 王琪，王刚，等．变革中的海洋管理［M］．北京：社会科学文献出版社，2013：103-105.

人参与区域海洋环境保护;实行资源有偿使用制度,将海岸带资源、环境核算纳入新的国民经济核算体系,并与税收、财政、金融和产业政策相协调。

2）协调机制

基于海洋生态系统的海洋综合管理涉及中央政府与地方政府、不同行政区域的地方政府、不同的政府涉海管理部门以及企业、个人、非政府组织等多种利益相关者,必然面临着非常复杂的利益需求,也存在着诸多利益冲突,因此,必须通过良好的协调机制来协调各方的利益,引导各方的行为。没有协调管理就不可能有海洋资源的可持续开发利用,可以说,协调机制在区域海洋管理中起着核心和纽带作用。

3）监督机制

除了协调机制外,在面对不同利益相关者的不同利益和目标需求时,还必须有强有力的监督机制加以规范和约束。

行政监督:即政府监督,指政府部门依法对贯彻执行海洋和海岸带开发管理的政策和法规情况进行监督,是监督的主要形式。在基于海洋生态系统的海洋综合管理中,政府可以根据不同的目的、不同的对象和不同的条件,运用多种行政方式直接对管理对象施加影响,是管理活动中最基本的方法。

法制监督:即立法监督,基于海洋生态系统的海洋综合管理作为一种政府主导的行为,要接受全国人民代表大会监督。由政府制定法律规范,并由政府组织强制实施,调整海岸带开发管理的行为。

社会监督:通过社会力量进行监督,分为群众监督和舆论监督,如通过人大代表、政协委员、其他社会人士和新闻报道等具体形式进行监督,提出批评、意见和建议。

4）公众参与机制

随着社会的不断发展，人们对社会事务管理的认识也在不断深化，尤其是对社会事务管理主体的认识也得到了进一步加深，公众作为主体参与社会事务管理的重要性已成为普遍的共识，因此公众参与社会事务管理的程度正在不断提高。海洋管理是社会事务管理的重要内容，因此基于海洋生态系统的海洋综合管理运行机制必须包括一个有效的公众参与机制。公众参与将有利于增强从事海洋开发利用活动的各个主体对区域海洋整体价值认识的全面性，提高对海洋生态价值的认同，也为各个主体间提供了一个有益的协商和协调机制，有利于提升政府部门海洋管理创新的推进与开展，提高海洋管理的整体效率，促进海洋事业的可持续发展。

6 基于海洋文明建设的海洋综合管理创新策略

6.1 确立以海洋生态文明为核心的海洋综合管理理念

海洋生态系统是地球生态系统的重要组成部分,也是国民经济和社会发展的基础,不仅具有丰富的经济价值,而且还具有巨大的生态价值。在传统的海洋管理理念中,更多的是强调对海洋资源的索取和对海洋的开发,造成了长期以来人类对海洋生态系统提供的物质和服务处于低价或无偿的索取阶段,对整个海洋生态系统的破坏十分严重。正是在这一背景下,以实现人类、社会、海洋和谐发展为核心的海洋生态文明建设成为当前社会发展进步的重要内容,而为满足海洋生态文明建设的需要,传统的海洋管理也必须开始向以海洋生态文明为核心的海洋综合管理转变。在这一转变过程中,首先要在全社会确立以海洋生态文明为核心的海洋综合管理理念,在海洋开发利用活动中形成以海洋生态文明为核心的普遍共识,即建立起以海洋生态系统为基础的海洋综合管理,在海洋的开发利用保护中要以维持海洋生态系统的健康稳定为核心,以解决好开发中的环境与资源问题为前提,协调好开发与保护之间的关系,实现海洋经济和沿海地区的可持续发展。

第一，政府部门作为海洋综合管理的主要实施者，应首先在各涉海相关部门确立以海洋生态文明为核心的海洋综合管理理念，加深各方面对海洋生态文明和海洋生态系统的认识，形成对海洋生态文明建设必要性、重要性的共识，从而保证以海洋生态文明为核心的海洋综合管理活动能够在各部门间顺利进行，在海洋开发利用活动的各个领域中得到有效的实施。

（1）确立以海洋生态文明建设为核心的政绩观。改变传统的只注重海洋开发的经济效益，强调海洋经济规模总量的政绩观，将全面协调统一的开发利用海洋生态系统的经济价值和生态价值、尊重海洋生态系统自身演变发展的客观规律等海洋生态文明理念纳入到涉海部门的政绩观中，对涉海部门的考核要兼顾海洋环境、海洋产业、海洋资源之间的协调关系，注重地区海洋生态系统在社会经济发展过程中的稳定性和可持续性，将地区与海洋生态系统的和谐共处、协同发展作为涉海部门工作的最高标准。

在《生态文明体制改革总体方案》中，已明确建立充分反映资源消耗、环境损害、生态效益的生态文明绩效评价考核和责任追究制度；强调树立六个理念，又详列了要建立和坚持六项制度。

（2）加强对海洋生态文明在海洋综合管理实施中的认识理解。政府部门不仅是以海洋生态文明为核心的海洋综合管理的实施者，也是管理制度、体制的重要设计者，因此要对海洋生态文明在海洋综合管理实施中的地位、作用等有充分深入的认识。以海洋生态文明为核心的海洋综合管理是传统部门管理发展的高级形式，立足于海洋的根本利益和长远利益，是对海洋进行的全方位的、整体的协调管理，目标集中在海洋开发与保护工作的系统功效，达到海洋可持续性利用的目的，关键在于管理体制的确立和管理制度的制定与实施等，确立一种科学化、程序化、制度化的协调管理机制，使各种有关管理形成一个完整的统一体，提高管理的效率与水平。

第二，社会公众是海洋生态文明建设的重要主体，博弈分析的结果证明了社会公众在很大程度上决定了政府部门、企业在海洋开发管理活动中的行为选择，因此，必须正确引导社会公众的海洋价值观。

长期以来，人类与海洋的关系都是定位于人类向海洋的不断索取，只认识到海洋的经济价值，忽视了它的生态价值，这是人类中心主义价值观的体现。这种观点认为，在人与自然的关系中人类始终是掌控自然的主宰者，只要服从人类的利益和需求，对自然界的任何行为就有价值，可以任意剥夺自然生物的需要和生存权利，这些理念成为导致地球生态危机的思想根源。①

因此，确立以海洋生态文明为核心的海洋综合管理理念就必须向社会公众宣传正确的海洋价值观，广泛开展海洋环境保护宣传和海洋生态文明价值观教育，核心是要使社会公众认识到海洋生态系统的客观性、脆弱性，其不仅为人类提供资源，同时也提供服务，海洋不仅具有经济价值，同时还有巨大的生态价值，而对海洋资源的过度开发利用，必然会导致海洋资源的枯竭和海洋生态系统功能的严重破坏，引发近海环境恶化、生物多样性锐减、海洋灾害频发等环境问题，应通过对人与海洋和谐共存观念、可持续发展观念等的广泛宣传，形成良好的海洋生态文化，力争把社会公众对海洋生态系统的保护意识转化成为自觉、有序的行动，打造全民关心、参与、支持海洋生态文明建设的良好氛围。

---

① 姜帅．制度体系建设是生态文明建设的根本保障［J］．人民论坛，2014，11（10）：55-57.

6.2 完善基于海洋文明建设的海洋综合管理制度体系

基于海洋文明建设的海洋综合管理创新必须以完善的制度体系作为基本保障，需要有与之相适应的海洋生态文明制度建设，最终要建立系统完整的、具有约束力的、符合海洋生态文明要求的目标体系、考核办法、奖惩机制等，以完善和发展我国的海洋管理制度，推进我国以海洋生态文明建设为核心的海洋综合管理有效开展和全面实施。

第一，建立海洋生态文明的源头保护制度。建立系统完整的海洋生态文明制度体系，必须建立最严格的源头保护制度，围绕海洋生态系统自身的主要组成部分，从源头上制定保护、保障海洋生态系统的制度体系。主要包括：继续落实并不断完善海域确权登记制度，推进海岛确权登记制度、海域立体确权使用制度等，对无居民海岛、滩涂等各类海洋自然生态空间都建立完整的自然资源资产调查、评价和核算制度，形成“归属清晰、权责明确、监管有效”的海洋自然资源资产产权制度；[①] 继续实施和完善海洋功能区划制度体系，在集约用海、科学用海的基础上，形成以海洋生态系统健康稳定为依据的生产、生活、生态空间开发管理界限，落实用途管理，合理开发海洋，并对规划实施过程和成果进行动态跟踪评价，推动海洋经济与临海陆地经济的整体规划、统一布局，实现重点临海、临港经济区的有序开发；全面实施海洋生态保护红线制度，在国家海洋局《关于建立渤海海洋生态红线制度的若干意见》实施基础上，总结经验，不断完善，在全国范围内全面推行实施，在全国各沿海省份划定海洋生态红线区以及禁止开发区和限制开发区，在全国近岸海区全面实行依据生态特点和管理需求的分区分类红线管控制度。

---

① 中共中央．生态文明体制改革总体方案，2015-09-22.

第二，建立海洋生态文明的损害赔偿制度。损害赔偿制度是一项环境民事责任制度，即对自然资源的使用进行付费，对生态系统的损害、破坏进行重建及其引起的成本与费用得以赔偿的制度，主要包括资源有偿使用制度和生态补偿制度；根本在于解决对生态环境公共利益损害、生态环境健康损害和间接财产损害的问题，告诫主体合法利用生态资源，减少对环境的污染和破坏。[①] 海洋生态文明的损害赔偿制度包括：应加快健全和实行海洋资源有偿使用制度，通过建立能够切实反映市场供求关系、资源稀缺程度和海洋生态环境损害成本的价格机制，并充分考虑和科学核算利用海洋资源时的生态成本、代际补偿等因素，最终实现海洋资源利用效率的最大化，保证海洋资源开发利用的可持续性；健全和完善海洋生态补偿制度，制定科学合理的海洋生态补偿标准，形成完善的补偿程序以及监督管理机制，并借助环境税收制度和生态补偿保证金制度等手段最终形成完善且具有长效性的海洋生态环境补偿机制，同时应对海洋生态系统的重点领域实行专门性的生态补偿制度，如海洋自然保护区生态补偿机制、重点河口海湾的生态补偿机制、滨海湿地的生态补偿机制等。

第三，建立海洋生态文明的责任追究制度。所谓责任追究制度是指在使用自然资源过程中对生态系统造成损害、破坏或损失的行为，依法追究当事人责任的制度。[②] 海洋生态文明的责任追究制度主要包括：实行严格的赔偿制度，通过发展海洋生态环境损害评估的第三方机构，及时准确地评估海洋生态环境损害状况，依法依规明确生态环境损害责任人及其赔偿责任等；落实领导干部的海洋生态责任追究制度，在加强领导干部正确政绩观教育的基础上，确立

① 黄蓉生．我国生态文明制度体系论析［J］．改革，2015（1）：41-47.

② 黄蓉生．我国生态文明制度体系论析［J］．改革，2015（1）：41-47.

海洋生态文明建设在干部考核选拔中的重要地位，明确将海洋生态文明建设工作作为领导干部考核审计的重点，并对领导干部建立海洋生态环境损害责任的终身追究制。

第四，建立海洋生态文明的生态修复制度。海洋生态系统的修复不仅需要从技术上采取措施，还必须有切实有效的配套制度加以保障，通过依靠有力的科学技术支撑、完善的法律法规保障以及严格的监管和审批制度，推动海洋生态系统修复的有效开展。主要包括：加快制定海洋领域生态修复法规、生态修复条例等，形成完整的海洋生态修复法律体系，保证海洋生态修复的持续和高效；加强对海洋开发项目的监管和审批，关键是形成统一高效的海洋开发决策管理体制，并加强对海洋开发项目的监管，可以通过对开发单位实施海洋生态修复保证金制度，为海洋生态系统的修复工作提供较为可靠的保障机制。

除此之外，还应建立与我国海洋事业发展相适应、符合海洋生态文明建设理念的跨部门、跨行政区的海洋管理合作协调机制，实现对我国近岸海洋生态系统重点海域的海洋经济开发、海域环境保护的海陆统筹管理；还应对现有法律法规政策等相关制度进行及时的修订完善，以适应我国海洋事业的快速发展，并在国家相关海洋法律法规规定制定出台的基础上，加快对地方层面相关法律法规的研究制定或修订完善，在全国沿海地区形成一套完善的、与国家法律法规相一致、符合地方海洋发展特点的地方涉海管理法律法规体系，以指导各级地方政府的海洋管理。

6.3 推动基于海洋生态系统的海洋综合管理实施

目前，海洋的可持续开发利用已经被列为我国海洋管理工作的基本原则和目标，随着海洋生态文明建设的不断深入，基于海洋生态系统的海洋综合管理应该是海洋生态文明建设中海洋综合管理的重要发展方向和主要管理模式。从目前我国海洋管理的实际工作情况来看，以海洋生态文明建设为核心的海洋管理理念已经在国家层面得到了确立，但在地方层面，通过海洋开发以获得经济效益最大化的理念仍占有较大比重，可持续利用的目标并未得到有效实现，因此，应在确立基于生态系统的管理理念基础上，采取相关的措施，逐步为基于海洋生态系统的海洋综合管理实施提供有利条件，从而最终在将来全面实现基于海洋生态系统的海洋综合管理。

第一，围绕管理工作需要，深入开展海洋生态系统的相关研究工作。在我国近海生态系统综合调查和评价工作的基础上，结合基于海洋生态系统的海洋综合管理相关技术需要，围绕全球变化和人类活动影响下近海生态系统关键过程及其耦合作用，以及近海生态系统的动态变化过程、机制、资源效应等开展基础研究，深化对海洋主要生命现象与生态过程的认知，进而对我国近海海洋生物区系和生物多样性的变异、海洋生态系统演化以及海洋环境演变等进行深入研究，同时围绕沿海经济与社会的持续发展需求，开展近海、河口物质与能量输送研究，开展海洋油气开发的环境保障调查和研究，为维护海洋资源的可持续利用、保障海洋生态安全、维持近海生态系统的服务功能和价值、开展基于海洋生态系统的海洋综合管理提供基础性、前瞻性的理论储备。在理论研究的基础上，积极探索基础研究在海洋管理技术创新领域的实践应用，发展近海环境与生态的数值模拟与同化系统，开展大规模海洋空间工程的环境评价；结合经济学、法学、管理学等相关学科，开展海洋生态补偿机制的价值核算、制度建设等方面的探索和应用；开展海洋资源环境承载能力研究、基于海洋生态系统的海洋管理单元区划研究，发展近海环境综合管理与决策支持系统，最终为基于海洋生态系统的海洋综合管理提供重要的技术支撑和条件保障。

第二，加强海洋生态系统的监测体系建设，提高海洋管理水平。在开展基础研究的同时，还应进一步提升海洋生态系统的监测能力，通过大力发展并利用遥感遥测等海洋监测技术，逐步实现重点海域的各类海洋环境要素的全方面实时观测，努力提高近海环境要素和生态灾害的预测预报准确度和精度，并为有效遏制海洋污染扩展趋势、科学规划和管理海岸带资源提供准确及时的依据。通过大幅度提升海洋综合观测能力尤其是实时监测能力，在强化、深化近海研究，提升观测数据分析能力的基础上，基本查清中国蓝色国土的家底，初步开展中国近海生态系统的数字化建设，为基于海洋生态系统的海洋综合管理实施提供更为丰富的技术手段。

第三，建立涉海管理部门间的高效合作机制。从世界发展趋势看，海洋管理正在向综合、统一和协调的方向发展，形成各涉海管理部门之间的高效合作机制是我国实施基于海洋生态系统的海洋综合管理的基本保障。目前我国海洋管理工作已经初步建立起了高层次的协调机制，但在地方层面和部分领域仍存在一些问题，因此，有必要尽快完善现有的海洋行政管理体制，进一步从海洋生态系统角度强化对海洋的统一管理，建立健全部门间、区域间海洋管理的合作协调机制，统一协调与管理海洋事务。

建立基于海洋生态系统的海洋综合管理合作机制，重点是将海洋资源行政管理与海洋环境行政管理划入到海洋统一综合管理体系。海洋的自然属性决定了海洋资源与海洋环境的统一，从而也必然要求对海洋资源开发和海洋环境保护进行统筹规划，统一管理，从而将海洋管理的目标向关注多方面的综合利益转变，改变传统的局限在单一目标上的模式，打破海洋管理中区域、产业等分割的局面，改变海洋管理政出多门，实现基于海洋生态系统的统一管理。

在地方层面可以借鉴厦门市基于海洋生态系统的海洋综合管理经验。过去厦门市的15个分别隶属于中央、省、市的涉海部门各自为政，后通过在厦门市成立海洋管理办公室作为市政府的常设机构，进行海洋事务综合管理。海洋管理办公室作为牵头部门、主管部门，组织海洋专家和有关部门，制定全市海洋开发与保护的总体规划。同时，组织八家涉海行政主管部门的执法队伍，联合成立海上综合执法协调小组，实现"海上执法一把抓，问题处理再分家"的海洋管理模式。根据厦门市的成功经验建立现代海洋管理体制，关键在于理顺关系，遵循政令统一原则，从实际出发，形成高效的合作机制，协调各部门关系，加强海洋资源的开发与环境保护管理水平。所以，基于海洋生态系统的海洋综合管理应该是一种有机结合的、运行灵活的、管理有效的管理体制，是能有效地实现海洋生态系统健康稳定有序化的合理运行机制。

第四，增强社会公众在海洋管理中的参与程度。基于海洋生态系统的海洋综合管理实质是管理人类活动对海洋生态系统的影响，需要海洋生态系统内的管理者、社会公众和科学工作者等有效合作，综合有关生态学知识，统筹考虑人与生态系统间的关系，通过科学的、综合的决策机制，在开发利用海洋的同时，维护海洋生态系统的健康稳定，实现海洋资源的持续利用。

应明确社会公众是实施基于海洋生态系统的海洋综合管理、推动海洋可持续发展的基础力量。在通过多种公众教育方式有效提高社会公众海洋生态意识和海洋管理参与意识的基础上，应积极拓展社会公众参与海洋管理的渠道，发挥社会公众在利用和保护海洋方面的监督作用，保障其在与切身利益相关的政策制定过程中的意见表达和维护政策有效执行，使社会公众的意愿在海洋管理中得到很好的体现，降低单纯依靠政府开展海洋管理的巨大社会成本，充分发挥社会公众在海洋管理中的重要作用。应积极借鉴国内外在推动社会公众参与社会管理时的做法和经验，探索我国社会公众参与海洋管理的有效方式，最终依靠社会公众在海洋管理中的积极参与，形成良好的海洋开发保护社会氛围，提高基于海洋生态系统的海洋综合管理的实施效果和运行效率。

参考文献

[1] 管华诗，王曙光．海洋管理概论 [M]．青岛：中国海洋大学出版社，2003.

[2] 黄蓉生．我国生态文明制度体系论析 [J]．改革，2015（1）：41-47.

[3] 李永琪．中国区域海洋学——海洋环境生态学 [M]．北京：海洋出版社，2012.

[4] 李凤岐．海洋与环境概论 [M]．北京：海洋出版社，2008.

[5] 蒋俊明．生态文明建设视域下的政府管理模式优化 [J]．江苏大学学报，2012，12（2）：13-17.

[6] 丘君，赵景柱，邓红兵，李明杰．基于生态系统的海洋管理：原则、实践和建议 [J]．海洋环境科学，2008，27（1）：74-78.

[7] 陈宝红，杨圣云，周秋麟．以生态系统管理为工具开展海岸带综合管理 [J]．台湾海峡，2005，24（1）：122-130.

[8] 欧文霞，杨圣云．试论区域海洋生态系统管理是海洋综合管理的新发展 [J]．海洋开发与管理，2006（4）：91.

[9] K. Sherman，E. D. Anderson. A Modular Approach to Monitoring，Assessing and Managing Large Marine Ecosystems[J]. Large Marine Ecosystems，2002（11）：9-25.

[10] V. Day，R. Paxinos，J. Emmett，A. Wright，M. Goecker. The Marine Planning Framework for South Australia：A New Ecosystem-based Zoning Policy for Marine Management [J]. Marine Policy，2008，7（4）：535-543.

[11] 任海，邬健国，彭少麟，赵利忠．生态系统的概念与管理要素[J]．应用生态学报，2000，11(3)：455-458.

[12] 关于生态系统规划(管理)的10条原则[EB/OL]. http://www. forestry. gov. cn/portal/main/s/241/content-19360. html，2015-03-04.

[13] G. E. Pavlikakis，V. A. Tsihrintzis. Ecosystem Management：A Review of a New Concept and Methodology[J]. Water Resource Management，2000，14：257-283.

[14]（英）Maltby Edward. 生态系统管理——科学与社会问题[M]．康乐，韩兴国，等，译．北京：科学出版社，2003.

[15] 沃科特，等．生态系统平衡与管理的科学[M]．北京：科学出版社，2002.

[16] 高艳．海洋综合管理的经济学基础研究[M]．北京：海洋出版社，2008.

[17] 李金发．必须树立自然资源管理的新理念[N]．经济日报，2013-04-23.

[18] 钱易，唐孝炎．环境保护与可持续发展[M]．北京：高等教育出版社，2000.

[19] 刘树臣，喻锋．国际生态系统管理研究发展趋势——区域尺度生态系统管理研究[J]．国土资源情报，2009(2)：10-17.

[20] 钱易，唐孝炎．环境保护与可持续发展[M]．北京：高等教育出版社，2000.

[21] K. Sherman. Application of the Large Marine Ecosystem Approach to U. S. Regional Ocean Governance[C]. Workshop on Improving Regional Ocean Governance in the United States，2002：59-71.

[22] 陈尚，朱明远，马艳．世界大海洋生态系研究及其国际计划[J]．黄渤海海洋，1999，17(4)：103-104.

[23] 秦艳英，薛雄志．基于生态系统管理理念在地方海岸带综合管理中的融合与体现［J］．海洋开发与管理，2009，26（4）：21-26.

[24] 王淼，毕建国，段志霞．基于生态系统的海洋管理模式初探［J］．海洋环境科学，2008，27（4）：378-382.

[25] 海洋生态系统及其类型［EB/OL］．http：//bio. 100xuexi. com/view/examdata/20090507/9DBD661C-1FE5-45FE-9C7A-C40B7A535F89. html，2009-5-7/2015-4-15.

[27] 海洋生态系统多样性［EB/OL］．http：//baike. baidu. com/view/292786. htm，2015-04-20.

[28] 非洲三国签署世界首个大型海洋生态系统协议——《本格拉洋流公约》［EB/OL］．http：//www. wzscj. com/news/inter/201305/news_20130508110615_49237. html，2013-5-1/2015-5-1.

[29] 张艳．世界海洋保护组织致力重建海洋生态系统［N］．中国海洋报，2009-08-02.

[30] 全球海洋学家拟建国际海洋监测网追踪海洋酸化［J］．化学分析计量，2012，21（5）：72.

[31] 地理科学与资源研究所．国际生态系统管理伙伴计划［EB/OL］．http：//baike. baidu. com/view/6929409. htm，2011-11-21/2015-04-25.

[32] 美国皮尤海洋委员会．规划美国海洋事业的航程［M］．周秋霖，牛文生，等，译．北京：海洋出版社，2005.

[33] 姜旭朝，王静．美日欧最新海洋经济政策动向及其对中国的启示［J］．中国渔业经济，2009（2）：23.

[34] 倪国江，鲍洪彤．美、中海岸带开发与综合管理比较研究［J］．中国海洋大学学报，2009（2）：16.

[35] 焦永科．21 世纪美国海洋政策的主要内容［N］．中国海洋报，

2005-06-03.

[36] 朱凤岚．日本的海洋政策与海洋立法及其影响［EB/OL］. http：//iaps. cass. cn/xueshuwz/showcontent. asp?id=1079，2015-05-23.

[37] 鹿守本．海洋管理通论［M］. 北京：海洋出版社，1997.

[38] 洪华生，薛雄志．厦门海岸带综合管理十年回眸［M］. 厦门：厦门大学出版社，2005.

[39] 姜帅．制度体系建设是生态文明建设的根本保障［J］. 人民论坛，2014，11（10）：55-57.

[40] 联合国秘书长2006年3月9日有关海洋问题的报告［EB/OL.］ http：//china-isa. jm. china-embassy. org/chn/xwdt/t257774. htm，2015-4-28.

[41] 张式军．海洋生态安全立法研究［J］. 山东大学法律评论，2004（1）：99-109.

[42] 唐茂林．对南海环境污染防治的法律思考［J］. 河南省政法管理干部学院学报，2009（1）：168-169.

[43] 周生贤．生态文明是人类文明的重大进步．中国城市经济，2008，7（5）：10-12.

[44] 佚名．我国海洋生物资源可持续发展对策研究［J］. 中国高新技术企业，2007（1）：12-13.

[45] 舟山成为我国首个群岛新区海洋开发保护新模式［EB/OL］. http：//www. cnwest. com，2011-7-8/2015-01-12.

[46] 刘俊．统筹利用三大海洋保护开发带［EB/OL］. http：//news. 163. com/12/1213/10/8IJMG2M700014AED. html，2012-12-13/2015-3-1.

[47] 刘霜，张继民，唐伟．浅议我国填海工程海域使用管理中亟须引入生态补偿机制［J］. 海洋开发与管理，2008（11）：34-37.

[48] 姜欢欢，温国义，周艳荣，吕则和，谢冕．我国海洋生态修复现状、存在的问题及展望［J］．海洋开发与管理，2013（1）：35-38.

[49] 叶属峰，温泉，周秋麟．海洋生态系统管理——以生态系统为基础的海洋管理新模式探讨［J］．海洋开发与管理，2006（1）：77-80.

[50] 中国积极实施基于生态系统的海洋管理［EB/OL］. http://news. qq. com/a/20091107/001214. htm，2009-11-7/2015-4-12.

[51] 张通．推动综合生态系统管理促进生态文明建设理念与实践国际研讨会开幕式并致辞［EB/OL］. http://www. mof. gov. cn/preview/guojisi/pindaoliebiao/lingdaojianghua/200811/t20081110_88959. html，2008-11-2/2015-04-23.

[52] 沈汝发．我国将加强海岛生态保护与修复［EB/OL］. http://news. qq. com/a/20091107/000959. htm 2009-11-7/2015-05-09.

[53] 姚国庆．博弈论［M］．北京：高等教育出版社，2007.

[54] D. Friedman. Evolutionary Games in Economics［J］. Econometrica，1991，59（3）：637-666.

[55] 廖宝文，张乔民．中国红树林的分布、面积和树种组成［J］．湿地科学，2014，12（4）：435-440.

[56] 陈宝红．试论以生态系统管理为基础的海岸带综合管理——以平潭岛的海岸带综合管理为例［D］．厦门：厦门大学硕士论文，2002.